Springer-Verlag Berlin Heidelberg GmbH

Abhandlungen
zur
Didaktik und Philosophie der Naturwissenschaft.

(Sonderhefte der Zeitschrift für den physikalischen und chemischen Unterricht.)

Herausgegeben
von
F. Poske in Berlin, A. Höfler in Prag und E. Grimsehl in Hamburg.

Die „Sonderhefte" werden zwanglos ausgegeben, sowohl ihrem Umfange wie der Zeit ihres Erscheinens nach. Jedes Heft ist einzeln käuflich, der Preis richtet sich nach dem Umfange. Eine größere Zahl von Heften im Gesamtumfange von ca. 40 Bogen wird zu je einem Bande (M. 12—16) vereinigt.

I. Band, Preis M. 14,20.

Inhalt:

Heft 1: **Die elektrische Glühlampe im Dienste des physikalischen Unterrichts.** Von Prof. E. Grimsehl, Oberlehrer an der Oberrealschule auf der Uhlenhorst in Hamburg. Preis M. 2,—.

Heft 2: **Zur gegenwärtigen Naturphilosophie.** Von Dr. Alois Höfler, o. ö. Professor an der deutschen Universität Prag. Preis M. 3,60.

Heft 3: **Der naturwissenschaftliche Unterricht — insbesondere in Physik und Chemie — bei uns und im Auslande.** Von Dr. Karl T. Fischer, a. o. Professor an der Kgl. Technischen Hochschule in München. Preis M. 2,—.

Heft 4: **Wie sind die physikalischen Schülerübungen praktisch zu gestalten?** Von Hermann Hahn, Oberlehrer am Dorotheenstädtischen Realgymnasium zu Berlin. Preis M. 2,—.

Heft 5: **Strahlengang und Vergröfserung in optischen Instrumenten.** Eine Einführung in die neueren optischen Theorien. Von Dr. Hans Keferstein, Professor an der Oberrealschule auf der Uhlenhorst in Hamburg. Preis M. 1,60.

Heft 6: **Über die Erfahrungsgrundlagen unseres Wissens.** Von Dr. A. Meinong, o. ö. Professor an der Universität Graz. Preis M. 3,—.

II. Band.

Heft 1: **Elementare Messungen aus der Elektrostatik.** Von Professor Dr. Karl Noack, Oberlehrer a. D. Preis M. 2,—.

Heft 2: **Experimentelle Einführung der elektromagnetischen Einheiten.** Von Prof. E. Grimsehl, Oberlehrer an der Oberrealschule auf der Uhlenhorst in Hamburg. Preis M. 1,60.

Heft 3: **Die Zentrifugalkraft.** Ein Beitrag zur Revision der Newtonschen Bewegungsgesetze. Von Dr. Fr. Poske, Professor am Askanischen Gymnasium in Berlin. Preis M. 3,—.

Heft 4: **Magnetische und magnetisch-elektrische Messungen im Unterricht.** Von Dr. W. Bahrdt, Oberlehrer an der Oberrealschule in Groß-Lichterfelde. Preis M. 2,40.

——— Weitere Hefte befinden sich in Vorbereitung. ———

Zu beziehen durch jede Buchhandlung.

Abhandlungen zur Didaktik und Philosophie der Naturwissenschaft. Band II. Heft 4.

Magnetische und magnetisch-elektrische Messungen im Unterricht.

Von

Dr. W. Bahrdt,
Oberlehrer an der Oberrealschule in Groß-Lichterfelde.

ISBN 978-3-642-98868-4　　ISBN 978-3-642-99683-2 (eBook)
DOI 10.1007/978-3-642-99683-2

Inhalt.

Seite

Erster Teil: Kraftwirkungen zwischen Magneten.

Einleitung 3
I. Die Apparate für die Messung der zwischen den Magneten wirkenden Kräfte . . 5
II. Lehrgang 10
    1. Untersuchung des magnetischen Zustandes in der Umgebung eines Magneten . 10
    2. Untersuchung des magnetischen Zustandes an der Oberfläche eines Magneten . 12
    3. Untersuchung des magnetischen Zustandes im Innern eines Magneten 14
    4. Untersuchung über die Größe der zwischen zwei Magnetpolen wirkenden anziehenden oder abstoßenden Kräfte 15
    5. Untersuchung über die Wirkung von mehr als zwei Polen aufeinander . . . 17
    6. Untersuchungen über die erdmagnetischen Konstanten 18
    7. Anhang. Aufgaben zur Lehre vom Magnetismus 21

Zweiter Teil: Kraftwirkungen zwischen elektrischen Strömen und Magneten.

I. Einleitung 29
II. Beschreibung der Apparate 30
III. Einleitende Versuche 34
IV. Biot-Savartsches Gesetz 36
Schlußwort 55

Erster Teil.

Kraftwirkungen zwischen Magneten.

Einleitung.

Nach den Lehrplänen von 1901 für die höheren Schulen in Preußen wird die Lehre vom Magnetismus auf zwei Kurse — die Unter- und die Obersekunda — verteilt, und zwar derart, daß in Untersekunda „nur die einfachsten, dem Verständnis und Interesse der Schüler dieser Stufe am nächsten liegenden Lehren" zu behandeln, dagegen in Obersekunda „das dort gewonnene Wissen zu vertiefen und zu erweitern" und besonderer Wert auf die mathematische Behandlung der Hauptgesetze zu legen ist; demgemäß hat das Experiment auf der Unterstufe mehr qualitativen, auf der Oberstufe mehr quantitativen Charakter. Hiernach würden auf der Oberstufe in der Lehre vom Magnetismus etwa durchzunehmen sein die Begriffe Pol, Polstärke, magnetisches Moment, Feldstärke, das Coulombsche Gesetz und endlich die erdmagnetischen Größen Deklination, Inklination und Intensität der erdmagnetischen Kraft (Horizontal- und Vertikalintensität). Die Methoden für die Messung dieser Größen, welche man in den meisten Lehrbüchern der Physik findet, und welche im allgemeinen auch im Unterricht vorherrschend sein werden, setzen eine Anzahl schwieriger Begriffe und Lehrsätze aus der Mechanik voraus, die erst in Prima durchgenommen werden, z. B. den Begriff des Trägheitsmomentes, die Lehre vom physischen Pendel und andere. Will man diese Methoden beibehalten, so würden sich die aus der Verteilung des Unterrichtstoffs ergebenden Schwierigkeiten dadurch beseitigen lassen, daß man entweder dem Magnetismus einen Vorkursus in der Mechanik vorausschickt, oder daß man die Lehraufgabe der Obersekunda mit derjenigen der Prima vertauscht. Ersteres schlägt KUFAHL in dieser Zeitschrift vor (*Jahrgang 1904, S. 6*); er behandelt in diesem Vorkursus, der nach seiner Erfahrung etwa acht Unterrichtsstunden dauert, die zum Verständnis der magnetischen Messungsmethoden erforderlichen Lehren der Mechanik. Dieser Behandlung des Unterrichts jedoch stehen außerordentliche Schwierigkeiten entgegen. Die zu behandelnden Kapitel der Mechanik sind so umfangreich und schwierig, daß sie der Mehrzahl der Schüler in so kurzer Zeit kaum zum vollen Verständnis gebracht werden können. Auch erhält der Unterricht im Magnetismus durch das Einschieben der Mechanik etwas Schleppendes und Unselbständiges, und die für die Erledigung des übrigen Pensums in der Elektrizität und Wärmelehre zur Verfügung stehende Zeit wird übermäßig eingeschränkt. Da ist es schon besser, die Lehraufgaben der Obersekunda und Prima teilweise miteinander zu vertauschen. Diese Umlegung ist nach den methodischen Bemerkungen der Lehrpläne von 1901 statthaft; es heißt dort beim Unterrichtsstoff in Physik und Chemie im Kursus der oberen Klassen: „Auch innerhalb dieses Kursus dürfen, wo besondere Verhältnisse es empfehlen, die Lehraufgaben von einer Klassenstufe auf eine andere verschoben werden, sofern nur das Gesamtziel sicher erreicht wird." In dieser Weise suchen die Vorschläge der Versammlung deutscher Naturforscher und Ärzte in Meran die bestehenden Schwierigkeiten zu beseitigen; nämlich für Obersekunda ist ein halbjähriger Kursus in der Mechanik, für Prima außer anderen Lehrgegenständen die Lehre vom Magnetismus vorgeschlagen.

Es gibt aber noch einen andern Ausweg, um die Schwierigkeiten zu umgehen; er besteht darin, daß man diejenigen magnetischen Messungsmethoden, die schwierige Lehren der Mechanik, wie die Lehre vom physischen Pendel, zur Voraussetzung haben, durch andere Methoden ersetzt, die sich nur auf die bereits im Unterkursus durchgenommenen Lehren der Mechanik stützen. Mehrere solcher einfachen Methoden sind schon in dieser Zeitschrift angegeben (vgl. GRIMSEHL, Eine Polwage zur Bestimmung der Polstärke von Magnetnadeln und der Horizontalintensität des Erdmagnetismus, *Zeitschr. Jahrg. 1903, S. 334*; daselbst auch Literaturangabe früherer Arbeiten; KUFAHL, Magnetische Messungen nach absolutem Maße, *Zeitschr. 1904, S. 1*)[1]. Mancher Lehrer wird ja nur schweren Herzens auf jene klassischen Methoden von COULOMB und GAUSS Verzicht leisten wollen, aber für die Darbietung des Lehrstoffs auf der Schule gelten andere Grundsätze als für wissenschaftliche Messungen; während es hier auf möglichst große Genauigkeit der Resultate ankommt, ist dort Einfachheit und Anschaulichkeit zu erstreben.

Im folgenden habe ich den Versuch gemacht, einige solcher einfachen Messungsmethoden zusammenhängend darzustellen, die nur diejenigen Lehren

---

[1] Man vgl. auch Ruoß, „Die magnetische Zeigerwage", *Zeitschr. Jahrg. XIX, S. 89* und „Über die Pole von Magneten", *XXI, S. 304*; Rußner, Über einen Apparat zum Beweis des Coulombschen magnetischen Gesetzes", *XX, S. 96*; Grimsehl, „Experimentelle Einführung der elektromagnetischen Einheiten" (*Heft II, 2 der Abhandlungen zur Didaktik und Philosophie der Naturwissenschaft*) und „Ausgewählte physikalische Schülerübungen" (*Beilage zum Jahresbericht der O.-R.-S. a. d. Uhlenhorst in Hamburg 1896, S. 31*); ferner Fr. C. G. Müller, „Kritische Bemerkungen zur neuesten Methode der Einführung der elektromagnetischen Einheiten im Unterricht", *XX, S. 371*; Grimsehl, „Erwiderung auf die kritischen Bemerkungen des Herrn Fr. C. G. Müller", *XX, S. 375*; Fr. C. G. Müller, „Die Demonstration des Coulombschen Grundgesetzes der magnetischen Kraft", *XXII, S. 73*; P. Schulze, „Über die Pole von Magneten", *XXII, S. 79*; Fr. C. G. Müller, „Über die schulmäßige Behandlung des elektromagnetischen Grundgesetzes", *XXII, S. 146*.

der Mechanik zur Voraussetzung haben, die bereits auf der Unterstufe behandelt sein müssen, z. B. die Zusammensetzung und Zerlegung von Kräften, die Lehre vom Hebel und einiges aus der Lehre vom Schwerpunkt und von den Gleichgewichtslagen. Dementsprechend hatte ich auch in meinem ersten Entwurfe nicht das Dyn, sondern das Milligramm als Einheit der Kraft gewählt; auf Anraten der Herren Grimsehl und Poske habe ich mich bei der Wahl der Krafteinheit jedoch zu dem Dyn entschlossen. Zwar bin ich nach wie vor der Ansicht, daß der Begriff eines Dyn als derjenigen Kraft, welche der Masse 1 die Beschleunigung 1 erteilt, Obersekundanern ohne gründlichen Vorkursus in der Mechanik nicht zum genügenden Verständnis gebracht werden kann. Die Schwierigkeit läßt sich aber dadurch umgehen, daß man den Schülern sagt: „In der Lehre vom Magnetismus und der Elektrizität benutzt man als Einheit der Kraft das Dyn; es ist gleich dem Gewicht von 1,02 mg." Die strenge Definition für Dyn wird erst in der Prima gegeben.

Die benutzten Apparate sind einfachster Art; die meisten kann man sich bei einiger Geschicklichkeit in mechanischen Arbeiten selbst herstellen oder nach Angabe von Handwerkern anfertigen lassen[1]). Eine kurze Beschreibung dieser Apparate möge den magnetischen Messungen vorausgeschickt werden.

I. Die Apparate für die Messung der zwischen Magneten wirkenden Kräfte.

1. **Magnetische Wage.** Vor den käuflichen magnetischen Wagen hat die im folgenden beschriebene Wage einen Vorzug voraus, den der Billigkeit. Ihre Empfindlichkeit läßt sich ohne Mühe ebenso groß wie die einer guten chemischen Wage machen. Zu ihrer Herstellung verschaffe man sich vom Eisenhändler ein etwa 24 cm langes Stück eines Gußstahldrahtes von 3 bis 4 mm Dicke; sehr geeignet ist auch eine stählerne gerade Packnadel oder eine dicke Stricknadel. Im Abstande von $^1/_{12}$ der Drahtlänge, von einem Ende an gerechnet, bohrt man eine 1,5 mm weite Öffnung quer durch den Stab. Darauf magnetisiert man den Stab in bekannter Weise durch Streichen mit einem starken Magneten oder Elektromagneten, steckt durch die Bohrung eine kurze dicke Nähnadel hindurch, so daß sie an beiden Seiten gleich weit heraussieht, und lötet sie im rechten Winkel mit dem Stabe fest. Eine noch bessere Drehungsachse, bei der beide Lagerpunkte aus feinen Spitzen bestehen, erhält man, wenn man von zwei Nähnadeln das Ör mit einem Teil der Nadel abbricht, die Bruchstellen in die Bohrung steckt, wie Fig. 1 zeigt, die überstehenden Enden beider Nadeln gemeinsam mit dünnem Kupferdraht umwickelt und an dem Magnetstabe festlötet. Die Pole, die bei regelmäßig

---

[1]) Die Firma Leppin & Masche, Fabrik wissenschaftlicher Apparate, Berlin SO, Engelufer 17, liefert alle in diesem Heft beschriebenen Apparate.

magnetisierten Stäben etwa $^1/_{12}$ der Stablänge von den Enden entfernt liegen, werden durch schwarzen Lack oder durch Feilstriche markiert. Der Polabstand wird in 10 gleiche Teile geteilt, deren Enden ebenfalls durch Lack oder Feilstriche angegeben werden, wobei zur schnellen Orientierung beim Ablesen der mittlere Punkt etwas kräftiger gezeichnet wird. Man fertigt sich nun durch mehrmaliges Umbiegen einer Glasröhre ein scherenförmiges Lager an, dessen Form aus Fig. 2 erkenntlich ist. Die offenen Enden a, a sind ein wenig nach unten gebogen. Während die Röhre an der Stelle b bis zum Weichwerden erhitzt wird, steckt man die Drehungsachse des Stabes in die Öffnungen a, a hinein und biegt die Röhre zusammen. Da die Drehungsachse nur mit den äußersten Spitzen auf Glas ruht, wird die Reibung außerordentlich gering

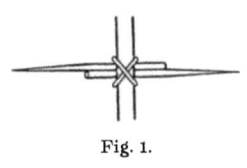

Fig. 1.

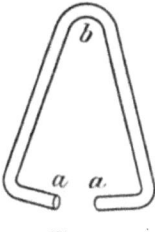

Fig. 2.

gemacht. Wer in Glasbläserarbeiten ungeübt ist, biege einen etwa 3 mm dicken Messingdraht zu derselben Form, wie Fig. 2 angibt, und befestige an den Stellen a, a mittels heißen Siegellacks zwei kurze Glasröhrenstücke. Eine solche Schere wird beim Inklinatorium (Fig. 6 auf S. 8)

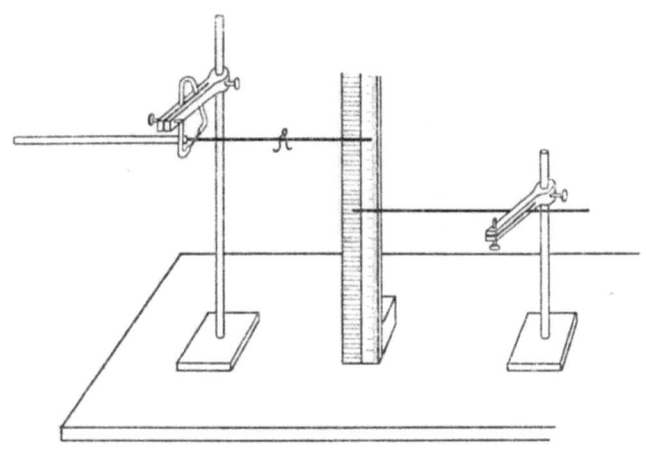

Fig. 3.

benutzt. Man schneidet sich nun eine Glasröhre von der Länge des Magnetstabes ab, schiebt sie auf den kurzen Arm des Magnetstabes, den man mit heißem Siegellack umgeben hat, auf und schmilzt durch gelindes Erwärmen Magnetstab und Glasröhre zusammen. In das offene Ende der Röhre schmilzt man mit Siegellack so viel Schrotkugeln oder Bleidraht ein, bis die ganze Wage in horizontaler Lage im Gleichgewicht ist. Um die Wage empfindlicher zu machen, ist es nun erforderlich, den Schwerpunkt näher an die Drehungsachse zu bringen, was man in einfachster Weise durch Aufwärts- oder Abwärtsbiegen der an einer Stelle weich gemachten Glasröhre erreicht.

Auf diese Weise wird die Empfindlichkeit so lange variiert, bis ein auf das Ende des Magnetstabes gelegtes Reitergewicht von einem Zentigramm ein Sinken dieses Endes um 2 bis 4 cm hervorbringt. Die Wage wird mittels einer Holzklammer an einem eisenfreien Stativ festgeklemmt (Fig. 3). Die Ruhelage der Wage liest man an einem mit Millimeterteilung versehenen Lineal ab, das hinter dem freien Ende des Magnetstabes senkrecht aufgestellt ist. Es ist unten mit Messingschrauben an einem Holzklotz befestigt. Um eine ungefähre Ablesung auch von den Plätzen der Schüler aus zu ermöglichen, klebt man neben die Millimeterteilung eine Zentimeterskala aus Papier, bei der die Zentimeter abwechselnd schwarz und weiß und jedes zehnte Zentimeter rot gezeichnet sind.

Zu dieser Wage gehören noch einige Reitergewichte von 100 Dyn, 10 Dyn und 1 Dyn, die man sich aus verschieden dickem Aluminiumdraht durch Wägung mit einer chemischen Wage selbst herstellen kann.

Bei den Messungen mit der magnetischen Wage braucht man noch mehrere Magnetstäbe aus Stahldraht in verschiedenen Längen.

Es ist vorteilhaft, zwei magnetische Wagen bei den Messungen zu besitzen.

2. **Winkelhebel aus Glas.** Zur Bestimmung der Horizontalintensität benutze man einen aus Glasstäben hergestellten, sehr empfindlichen Winkelhebel, der in Fig. 4 abgebildet ist. Zu seiner Herstellung durchbohrt man einen großen, guten Kork in zwei aufeinander senkrechten Richtungen, ohne daß die Bohrungen sich gegenseitig berühren, und steckt zwei 32 cm bzw. 20 cm lange, 4 mm dicke Glasröhren hindurch. Nahe der Kreuzungsstelle steckt man senkrecht zur Ebene der Glasstäbe zwei nach Fig. 1 zusammengelötete Nadeln als Drehungsachse durch den Kork.

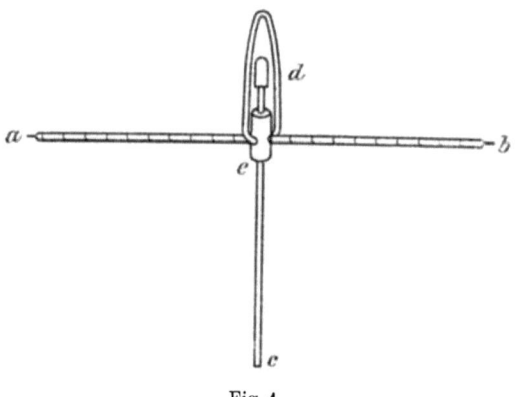

Fig. 4.

Die Röhren verschiebt man im Kork so weit, bis die Arme ae, be und ce gleich lang sind. Etwa 1 cm von den Enden a, b und c entfernt zeichnet man mit schwarzem Lack rings um die Glasröhren dünne Kreise herum, teilt die Abstände der Marken a und b von der Drehungsachse e in zehn gleiche Teile und markiert wieder alle Teilungspunkte durch schmale Lackkreise. Endlich befestigt man an den Enden a und b mit heißem Siegellack je einen kurzen Messingstift, dessen Spitze nach außen zeigt. Die so erhaltene Wage muß noch mit dem Arm ab in horizontaler Lage ins Gleichgewicht gebracht und möglichst empfindlich gemacht werden. Beides wird dadurch erreicht, daß man mittels Siegellacks auf dem Ende d exzentrisch einen Glashut befestigt, in den mit Siegellack

Schrotkugeln eingeschmolzen sind. Hinter das Wagebalkenende a oder b stellt man eine senkrechte Skala wie bei der magnetischen Wage. Auch dieselben Reitergewichte werden bei den Messungen verwendet.

3. Deklinatorium (Fig. 5). Auf ein 30×30 cm² großes Grundbrett, das durch 3 Stellschrauben horizontal gestellt werden kann, ist eine Kreisteilung aus Kartonpapier geklebt. Über ihr dreht sich eine aus Stahldraht hergestellte, an beiden Enden zugespitzte Magnetnadel. Diese ist durch eine Messinghülse gesteckt, die an einem Frauenhaar hängt. Oben ist das Haar an einem dicken rechteckigen Stück Kupferblech befestigt, das seitlich an

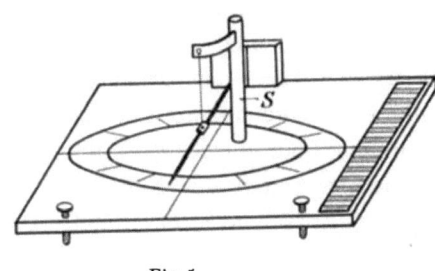

Fig. 5.

die 10 cm hohe Messingsäule S angelötet ist. Senkrecht über der Befestigungsstelle des Haares ist ein etwa $1\frac{1}{2}$ mm weites Loch in das Kupferblech gebohrt. Die Kreisteilung ist durch zwei senkrechte Durchmesser in vier Quadranten geteilt. Der eine dieser durch den Nullpunkt der Teilung gehende Durchmesser, die Nulllinie, ist über die Teilung hinaus verlängert bis zu einem senkrecht aufgesetzten, etwa 7 cm hohen rechteckigen Brett; auf diesem ist die Nullinie senkrecht nach oben hin verlängert. Endlich ist eine Zentimeterteilung aus Papier seitlich von der Kreisteilung und parallel zur Nullinie auf das Grundbrett geklebt.

4. Inklinatorium (Fig. 6). Die größte technische Schwierigkeit bei der Herstellung des im folgenden beschriebenen Inklinatoriums ist die Unter-

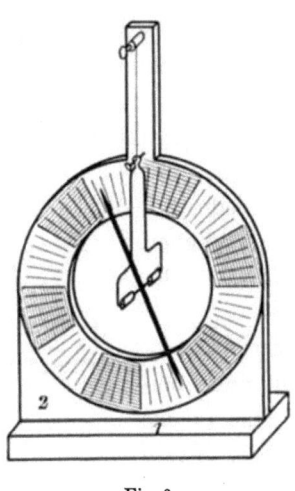

Fig. 6.

stützung einer Magnetnadel in einer durch ihren Schwerpunkt gehenden Achse; hiervon hängt das Gelingen der Bestimmung des Inklinationswinkels und der erdmagnetischen Intensität ab. Man schneidet von einem 4 mm dicken, noch nicht magnetisierten Stahldraht ein 24 cm langes Stück ab und spitzt die Enden durch Feilen an. Genau durch die Mitte bohrt man quer zur Achse ein 2,5 mm weites Loch, markiert diejenigen Punkte, welche um $^{1}/_{12}$ der ganzen Stablänge von den Enden entfernt liegen durch Feilstriche und teilt ihre Entfernung bis zur Mitte in je 10 gleiche Teile, indem man die Endpunkte

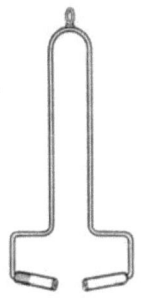

Fig. 7.

derselben wieder durch Feilstriche zeichnet. Man lötet nun in der Bohrung eine kurze, starke Drehungsachse, wie sie in Fig. 1 abgebildet ist, senkrecht zur Stabrichtung fest, und zwar derart, daß diese Achse schon möglichst genau durch den Schwerpunkt geht. Die Achse wird noch durch kreuzweis um den Magneten gewickelte und untereinander verlötete dünne Kupferdrähte befestigt. Ein scherenförmiges Lager (Fig. 7) für die Achse stellt man sich aus Messingdraht und Glasröhrenstücken dar, wie es auf S. 6 angegeben ist; die Schere muß aus biegsamem Draht hergestellt sein, weil es bei Messungen nötig ist, die Nadel herauszunehmen und umzulegen. Es ist nun erforderlich, den Schwerpunkt genau in die Drehungsachse zu verlegen. Diese indifferente Gleichgewichtslage erkennt man daran, daß die Nadel in jeder Lage im Gleichgewicht ist. Eine seitliche Verschiebung des Schwerpunktes korrigiert man durch Abfeilen oder Absmirgeln eines Stabendes, eine Querverschiebung durch Abfeilen oder Aufsetzen von Lot in der Nähe der Drehungsachse. Nach Herstellung der indifferenten Gleichgewichtslage magnetisiert man die Nadel durch vorsichtiges Streichen oder indem man durch zwei um enge Glasröhren gewickelte Solenoide, die auf beiden Seiten der Nadel bis zur Mitte aufgeschoben werden, einen starken elektrischen Strom leitet. Das Gestell der Inklinationsnadel (Fig. 6) besteht aus einem Grundbrett 1, auf dem senkrecht das Brett 2 mit kreisrundem Ausschnitt steht. Auf dieses ist eine Kreisteilung geklebt. Um die Ablesung der Winkel von den Plätzen der Schüler aus zu ermöglichen, sind die Winkel nur von 5 zu 5 Grad durch dicke schwarze Striche bezeichnet und immer je 30 zusammenliegende Winkelgrade mit einer Farbe koloriert, so daß auf einen Viertelkreis 3 verschiedene Farben kommen. Dieselben Farben wiederholen sich in jedem Quadranten. Hierdurch wird eine sichere Orientierung und schnelle Ablesung von den Plätzen der Schüler aus ermöglicht. In der Mitte der oberen Kante des Brettes 2 ist eine Säule mit eingeschraubter Klemmschraube angebracht. An der Öse des durchgesteckten Drahtes ist ein Frauenhaar befestigt, das die Schere der Inklinationsnadel trägt. Die Schere kann durch einen Stift, der in eine Bohrung der Säule paßt, fest gestellt werden. — Das Inklinatorium unterscheidet sich von den im Handel vorkommenden dadurch, daß die Nadel eine Teilung wie der Balken einer chemischen Wage hat und zwei Drehungsachsen besitzt. Diese ermöglichen ihr, jede beliebige Lage im Raume von selbst einzunehmen, und machen die Orientierung des Inklinatoriums unabhängig von der Deklinationsnadel.

5. **Kleine Magnetnadel mit zwei Drehungsachsen** (Fig. 8). Zwei unmagnetische Nähnadeln steckt man nahe beieinander und parallel durch einen kleinen Kork. Eine Stecknadel in der Mitte zwischen ihnen dient als Drehungsachse. Diese wird von einer aus Aluminiumdraht gebogenen Schere getragen.

Fig. 8.

Sie selbst wird an einem Seidenfaden aufgehängt, der an einem Glasstab mit Siegellack befestigt ist. Auf die Enden der Nähnadeln setzt man verschiedenfarbige Papierscheiben, die weithin eine Unterscheidung der

Pole ermöglichen. Durch Verschieben der Nadeln und durch Abschneiden von Kork bringt man den Schwerpunkt in die Drehungsachse hinein. Endlich magnetisiert man vorsichtig die Nähnadeln durch Streichen.

6. **Kurze dicke Magnetnadel mit einer Drehungsachse** (Fig. 9). Ein 20 mm langes Stück eines 6 mm dicken harten Stahldrahtes wird senkrecht zur Achsenrichtung genau in der Mitte durchbohrt; eine in zwei Spitzen endigende Drehungsachse wird durch die Bohrung gesteckt und festgelötet. Wie bei der Herstellung der Inklinationsnadel wird nun der Schwerpunkt in die Drehungsachse gelegt und darauf die Nadel magnetisiert. Eine nach Fig. 2 mehrfach umgebogene Glasröhre dient als Lager.

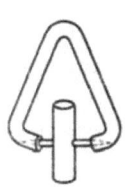

Fig. 9.

Außer den beschriebenen Apparaten sind zur Ausführung der Versuche nötig ein 50 bis 100 cm langer Magnetstab, eine Reihe von langen Magnetstäben, die man sich selbst aus 3 bis 4 mm dickem Gußstahldraht anfertigen kann, ein starker Hufeisenmagnet, eine Anzahl unmagnetisierter Stricknadeln, einige Bogen Kartonpapier, Eisenfeilicht, einige Platten aus Holz, Pappe, Glas, Stein, Kupfer, Eisen, Nickel und endlich eine empfindliche Hebelwage.

II. Lehrgang.

Der folgende Lehrgang behandelt den größeren Teil des Pensums der Oberstufe aus der Lehre vom Magnetismus. Aus dem Unterkursus werden einige magnetische Grundlehren — Anziehung von weichem Eisen durch Magnete, Anziehung und Abstoßung zwischen Magnetpolen, magnetische Influenz — und einiges vom Erdmagnetismus vorausgesetzt. Um den Lehrgang aber möglichst lückenlos aufzubauen, ist eine Reihe von Versuchen, die in die Unterstufe gehören, wiederholt. Einige Teile, z. B. der Abschnitt 3 über den magnetischen Zustand im Innern eines Magneten, sind nur andeutungsweise behandelt.

1. Untersuchung des magnetischen Zustandes in der Umgebung eines Magneten.

Versuch 1: Man bringt eine kleine, um eine vertikale und horizontale Achse frei bewegliche, in ihrem Schwerpunkt unterstützte Magnetnadel (siehe Fig. 8) in die Nähe eines großen Magneten; sie stellt sich in jedem Punkte in einer bestimmten Richtung ein. Dies ist die Richtung der magnetischen Kraft in dem betreffenden Punkte. Warum?

Bewegt man die Nadel in ihrer jedesmaligen Richtung immerfort um ein kleines Stück vorwärts, so erhält man eine stetige Linie — eine magnetische Kraftlinie.

Erklärung: Kraftlinien sind Kurven in dem Felde eines Magneten, deren Linienelemente in jedem Punkte die Richtung der magnetischen Kraft angeben.

Versuch 2: Man legt auf den Magneten ein Kartonblatt, bestreut es mit Eisenfeilicht und erschüttert es durch schwaches Klopfen. Die Feilspäne ordnen sich zu regelmäßigen Kurven an, die ein Gesamtbild der Kraftlinien in einem ebenen, wagerechten Schnitt des Feldes geben. Die Anhäufung des Feilichts an den Enden des Magneten zeigt, daß dort die magnetische Anziehung am größten ist.

Erklärung des Versuchs: Die Eisenfeilspäne werden durch Influenz kleine Magnete und ordnen sich infolge der Anziehung benachbarter ungleichartiger Pole zu Ketten an.

Man erzeuge die Kraftlinienbilder eines Stab- und eines Hufeisenmagneten in Ebenen parallel und senkrecht zu ihren Achsen. In dem Raume zwischen den Enden eines Hufeisenmagneten verlaufen die Kraftlinien angenähert parallel und geradlinig.

Erklärung eines homogenen Magnetfeldes. Ein homogenes Feld ist ein solches, in dem die Kraftlinien parallel und geradlinig verlaufen und in dem die Stärke der magnetischen Kraft überall dieselbe ist.

Anwendung auf das magnetische Feld der Erde. *Versuch 3*: Man bringt die frei bewegliche Magnetnadel an verschiedene Punkte des Zimmers: ihre Richtungen sind alle untereinander parallel. Sie liegen in Vertikalebenen, die etwa durch die Nordsüdrichtung gehen, und bilden mit der Horizontalebene einen ziemlich großen spitzen Winkel.

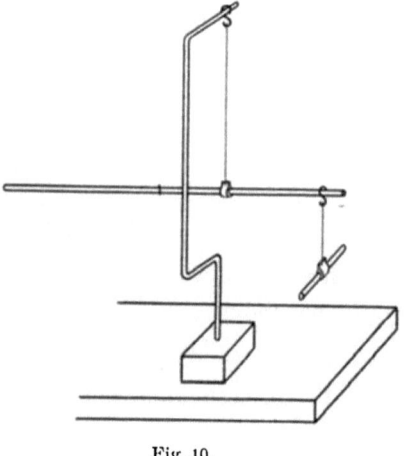

Fig. 10.

Folgerung: Das erdmagnetische Feld ist, solange man sich in Dimensionen bewegt, die klein gegen die Größe der Erde sind, ein homogenes.

Versuch 4: Ein kurzer Magnetstab schwimmt mittels eines Korks auf Wasser. Seine Längsachse stellt sich ungefähr in die Richtung Nord—Süd ein; bringt man ihn aus dieser Richtung heraus, so pendelt er in die alte Ruhelage zurück, ohne dabei eine fortschreitende Bewegung zu erhalten.

Folgerung: Am Nordende und Südende des Magnetstabes greift der Erdmagnetismus mit gleich großen und parallelen Kräften an; es wirkt also auf den Stab ein Kräftepaar, keine resultierende Kraft, die eine fortschreitende Bewegung erzeugen müßte. — Der Versuch 4 gelingt und hat Beweiskraft nur dann, wenn im Wasser alle Strömungen fehlen; da auch die Oberflächenspannung und die nicht unerhebliche Reibung störenden Einfluß haben, so kann man statt des Versuchs 4 folgenden einfachen Versuch anstellen.

Eine dünne Glasröhre von 30 bis 40 cm Länge wird mittels eines verschiebbaren Lagers aus Draht an einem nicht tordierten Kokonfaden aufgehängt. An das kürzere Ende der Röhre hängt man nun mittels eines Kokonfadens eine Magnetnadel. Man sieht dann, daß die Nadel sich bald in die Nordsüdrichtung stellt, ohne daß die Glasröhre nach irgendeiner Seite gezogen wird (Fig. 10).

2. Untersuchung des magnetischen Zustandes an der Oberfläche eines Magneten.

Es handelt sich darum, zu untersuchen, wie die beiden magnetischen Eigenschaften, nämlich Eisenmassen zu tragen und auf andere magnetische Körper anziehend oder abstoßend zu wirken, quantitativ auf die Punkte der Oberfläche eines gegebenen Magneten verteilt sind.

Versuch 5: Man taucht einen Magnetstab vollständig in Eisenfeilspäne. Die Gruppierung des Eisenfeilichts zeigt, daß der Magnetismus von den Enden aus nach der Mitte hin stetig bis Null abnimmt. Bei unregelmäßiger

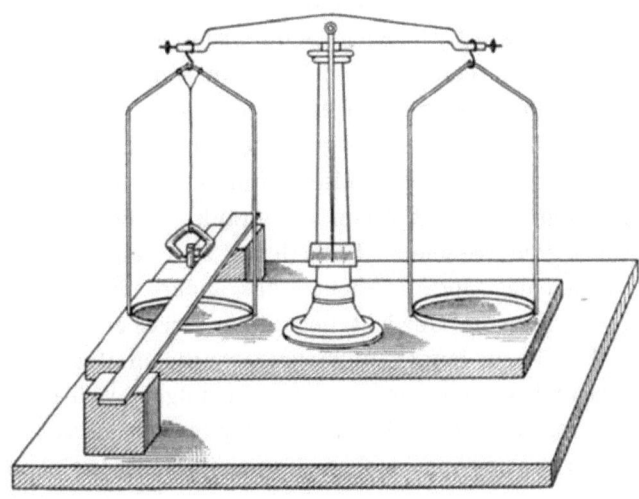

Fig. 11.

Magnetisierung eines Stahlstabes erhält man nicht nur an den Enden, sondern an beliebigen Zwischenpunkten relative Maxima des Magnetismus, sogenannte Folgepunkte.

Versuch 6: Man hängt eine kurze dicke Magnetnadel, wie sie in Fig. 9 abgebildet ist, mittels eines dünnen Drahtes an den Rahmen der Schale einer Wage (Fig. 11), welche noch hundertstel Gramm zu messen gestattet, beschwert das eine Polende der Nadel, etwa den Nordpol, mit einem Klümpchen Plastilin, so daß sich die Nadel senkrecht nach unten neigt, und tariert die Wage aus. Nun bringt man einen möglichst langen starken Magnetstab in horizontaler Lage durch Auflagerung auf Holzklötzen derart an, daß zwischen beiden Magneten etwa 1,5 bis 2 cm Zwischenraum bleibt. Wenn ungleiche Polenden sich gegenüberstehen, so findet Anziehung statt; die kleine Nadel senkt sich. Man legt nun auf die andere Schale so viel Gewichte, bis die Wage wieder im alten Gleichgewicht ist. Indem man den langen Magnetstab auf den Holzklötzen in seiner eigenen Richtung verschiebt, stellt man diesen Versuch für verschiedene Punkte seines südpolaren Endes an. In entsprechender Weise mißt man die Anziehung zwischen verschiedenen Punkten des nordpolaren Endes und des Südpols der kleinen Nadel. Die Versuchsresultate werden graphisch dargestellt, indem die Abstände der auf der Längsachse des Magneten untersuchten Punkte als Abszissen und die zugehörigen Gewichte als Ordinaten gezeichnet werden. Die Endpunkte der Ordinaten werden durch eine Kurve miteinander verbunden. Ihr Verlauf gibt ein anschauliches Bild von der Verteilung des Magnetismus.

Anmerkung: Diese Versuche sind etwas schwieriger auszuführen als gewöhnliche Wägungen, weil, wie leicht ersichtlich ist, die Wage bei diesen Versuchen im labilen Gleichgewicht ist. Neigt sich nämlich die Schale, an der die kleine Magnetnadel hängt, nur um ein kleines Stück abwärts, so nähern sich die Pole der beiden Magnete; mit geringerer Entfernung aber wächst die anziehende Kraft zwischen beiden, so daß die Schale noch weiter sinkt; neigt sich aber die andere Schale um ein weniges aus der Ruhelage, so wächst der Abstand zwischen den Magneten; die anziehende Kraft wird damit kleiner, und die Schale sinkt ganz herunter. Diese Schwierigkeiten beseitigt man jedoch in einfacher Weise dadurch, daß man die Ausschlagsweite der Wagschalen auf 1 bis 2 mm beschränkt, indem man unter beide Schalen Holzklötze von passender Höhe legt. Man findet nun leicht zwei Gewichte, von denen das eine die rechte, das andere die linke Schale zum Sinken bringt; das gesuchte Gewicht liegt dann zwischen beiden.

Beispiel: Ein 50 cm langer Magnetstab wurde in Punkten untersucht, die je 5 cm Abstand voneinander hatten. In folgender Tabelle sind die Versuchsresultate zusammengestellt. Die Abstände wurden vom nordpolaren Ende aus gemessen, unter ihnen stehen die zugehörigen Anziehungskräfte in Gramm.

cm	0	5	10	15	20	25	30	35	40	45	50
Gramm	0,43	0,28	0,09	0,01	0,00	0,00	0,00	0,01	0,09	0,24	0,38

Diese Zahlen sind in Fig. 12 graphisch dargestellt, die Längen als Abszissen, die Gewichte als Ordinaten.

Die Abweichungen in den Größen der Anziehungskräfte bei je zwei zusammengehörigen Punkten beider Stabenden lassen sich erklären durch eine geringe Änderung der Entfernung zwischen dem Stabe und der kleinen Magnetnadel, die bei der Umdrehung ihrer beiden Polenden erfolgt sein kann.

Man denke sich den eben untersuchten Magnetstab in einem homogenen Felde, etwa demjenigen der Erde; dann werden in den einzelnen Punkten seiner Oberfläche erdmagnetische Kräfte angreifen, deren Größen proportional den magnetischen Mengen in diesen Punkten sind. Diese unter sich parallelen Kräfte lassen sich zusammensetzen, und zwar die nordmagnetischen zu einer einzigen und die südmagnetischen gleichfalls zu einer einzigen Resultierenden.

Definition der Pole: Pole eines Magnets heißen die beiden Angriffspunkte der Resultierenden, einerseits aller anziehenden, andererseits aller abstoßenden, im erdmagnetischen Felde auf den Magnet wirkenden parallelen Kräfte.

Berechnung der Lage der Pole: Man teilt jede der beiden Flächen, welche von der in Versuch 6 gefundenen Intensitätskurve, der Abszissenachse und der äußersten Ordinate gebildet werden, durch Parallelen zur Ordinatenachse in schmale Streifen, die als Trapeze angesehen werden können, berechnet deren Inhalte, den Gesamtinhalt jeder Fläche und halbiert beide Flächen durch je eine Ordinate. Deren Schnittpunkte mit der Abszisse geben die Lage der Pole an. Aus der in Fig. 12 abgebildeten Intensitätskurve findet man auf diese Weise den Polabstand von beiden Enden des Stabes gleich $4^3/_4$ cm.

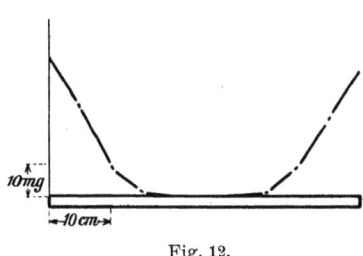

Fig. 12.

Eine experimentelle Auffindung der Pole erfolgt durch

Versuch 7: Man läßt eine magnetisierte Stricknadel mittels eines Korkes in senkrechter Lage in einem Wasserbassin schwimmen. In einem Abstande von einigen Zentimetern darüber hält man horizontal den zu untersuchenden langen Magnetstab. Die Stricknadel stellt sich unterhalb eines bestimmten Punktes des Stabes ein, der angenähert der Pol ist (Fehlerquellen bei dieser Bestimmung?).

Für die Lage der Pole eines Stabmagneten merke man sich, daß ihr Abstand von den Enden etwa $^1/_{12}$ der Stablänge beträgt.

Aus der Definition der Pole ergibt sich, daß man den Nord- und Südmagnetismus in den Polen nur bei der Wirkung eines sehr weit entfernten magnetischen Teilchens konzentriert denken darf.

3. Untersuchung des magnetischen Zustandes im Innern eines Magneten.

Versuch 8: Man zerbricht eine magnetisierte Stricknadel in der Mitte; es zeigt sich, daß die eine Bruchstelle nordmagnetisch, die andere südmagnetisch ist. Das Zerbrechen kann man fortsetzen; jedes Bruchstück erweist sich als vollständiger Magnet. An den mittleren Stücken haften größere Mengen von Feilspänen als an den Stücken, die den Enden näher lagen. (Vor dem Magnetisieren versieht man die Nadel an den Stellen, an denen man sie brechen will, mit Feilstrichen.)

Erklärung des Versuchs: Die an den Bruchstellen entstehenden Pole waren bereits vorher vorhanden, sie hoben aber ihre Wirkung nach außen hin gegenseitig auf.

Diese Erklärung gewinnt an Wahrscheinlichkeit, wenn man zum letzteren den umgekehrten Versuch anstellt.

Versuch 9: Man setzt die Stricknadelstücke mit den Bruchstellen wieder zusammen; die zusammengesetzte Nadel wirkt gerade so wie die ursprüngliche.

Diese Versuche führen zu der Molekularhypothese über die Konstitution der Magnete. Elementarmagnete. Richtung derselben in magnetisiertem und unmagnetisiertem Eisen. Erklärung der magnetischen Influenz; verschiedenes Verhalten der Molekularmagnete von hartem und weichem Eisen bei der Influenz; Koerzitivkraft. Freier Magnetismus — gebundener Magnetismus.

An dieser Stelle ist auch der Einfluß der Wärme auf den Magnetismus und die Wirkung eines Magneten auf glühendes Eisen durchzunehmen.

4. Untersuchung über die Größe der zwischen zwei Magnetpolen wirkenden anziehenden oder abstoßenden Kräfte.

Vorbemerkung über die Schwierigkeit, diese Untersuchung experimentell streng durchzuführen; man hat bei zwei Magneten stets mit der Wirkung zwischen zwei Polpaaren zu rechnen. Die Aufgabe läßt sich direkt nur näherungsweise dadurch lösen, daß man die Wirkung des einen Polpaares möglichst klein macht. Dies wird ermöglicht durch

Versuch 10: Man liest die Ruhelage der magnetischen Wage ab, bringt einen langen Magnetstab mit dem gleichnamigen Pol ca. 5 cm unterhalb des Pols des Wagebalkens (s. Fig. 3) an und verschiebt auf diesem ein passendes Reitergewicht so lange, bis die Wage wieder die alte Ruhelage eingenommen hat. Die Abstoßung zwischen den beiden Polen läßt sich dann durch einen bestimmten Bruchteil des Reitergewichts ausdrücken; liegt z. B. ein Reiter von 100 Dyn zwischen den Teilstrichen 6 und 7 des Wagebalkens, so ist diese Abstoßung, wenn man etwa 4 Zehntel zwischen 6 und 7 schätzt, gleich 64 Dyn.

Denselben Versuch stellt man für mehrere Entfernungen (5 cm, 10 cm, 15 cm) an. Man findet: Wenn die Entfernungen sich wie $1:2:3$ verhalten, so verhalten sich die Kräfte wie $1:\dfrac{1}{4}:\dfrac{1}{9}$.

Gesetz: Die Abstoßungen gleichnamiger magnetischer Pole in verschiedenen Entfernungen verhalten sich umgekehrt wie die Quadrate der Entfernungen.

Der Versuch 10 läßt sich auch für die Anziehung ungleichnamiger Pole in gleicher Weise ausführen, indem der Magnetstab oberhalb des Wagebalkens angebracht wird. Nach Auflegen des Reitergewichts befindet sich aber der Wagebalken im labilen Gleichgewicht, da die geringste Verschiebung nach oben oder unten ihn dauernd aus der Gleichgewichtslage herausbringt.

Bemerkung: Für kleine und große Entfernungen der beiden Pole stimmen die Beobachtungen mit dem Gesetze nicht überein; bei kleinen Abständen ist es nämlich nicht statthaft, den Magnetismus des halben Stabes in einem Punkte, dem Pole, konzentriert zu denken (vgl. S. 14); bei großen Abständen stört die Wirkung des abgewandten Pols. Für etwa 20 cm lange Stäbe liegen die günstigen Entfernungen ungefähr zwischen 6 cm und 16 cm.

Daß die magnetische Abstoßung oder Anziehung nicht allein von der Entfernung abhängt, zeigt

Versuch 11: Man läßt auf den Pol der Wage einen stärkeren Magnet wie in Versuch 10 wirken. Die abstoßende Kraft ist größer; sie hängt ab von der „Stärke des Pols". Um „Polstärken" zahlenmäßig miteinander vergleichen zu können, bedarf es einer Einheit für dieselben, die wir nach unserm Belieben festsetzen können.

Definition: Die Stärke 1 hat ein Magnetpol, der auf einen gleich starken Pol im Abstande 1 cm mit der Kraft 1 Dyn wirkt.

Ein Pol hat die Stärke m Einheiten, wenn er auf den Einheitspol im Abstande 1 cm mit der Kraft $m \cdot 1$ Dyn wirkt. Zwei Pole von den Stärken m_1 und m_2 wirken im Abstande 1 cm aufeinander mit der Kraft $m_1 \cdot m_2$ Dyn; endlich ist die Kraft K zwischen zwei Polen m_1 und m_2 im Abstande r cm nach dem oben gefundenen Gesetze

$$K = \frac{m_1 \cdot m_2}{r^2} \text{ Dyn. (Coulombsches Gesetz.)}$$

Versuch 12: Man stellt mit Eisenfeile die Kraftlinienbilder zweier gleichartigen und zweier ungleichartigen Pole dar.

Spannung in der Richtung der Kraftlinien, seitlicher Druck in der Richtung senkrecht zu ihnen.

Aufgabe: Die Polstärke eines gegebenen Magneten zu bestimmen.

Man schneidet von demselben Stahldraht, der zu der magnetischen Wage verwendet worden ist, ein 24 cm langes Stück ab und magnetisiert es ebenso stark wie den Magnetstab der magnetischen Wage. Die Gleichheit der Pole erkennt man an der gleichen Größe der Ablenkung einer dritten Magnetnadel oder einer andern magnetischen Wage.

Versuch 13: Man mißt wie in Versuch 10 die Kraft K zwischen diesem Magnetstab und der magnetischen Wage. Dann ergibt sich aus der Gleichung

$$K = \frac{m^2}{r^2}$$

die Polstärke der Wage und des Stabes

$$m = r\sqrt{K}.$$

Darauf mißt man die Kraft K zwischen der Wage und dem gegebenen Magnetstab, dessen Polstärke x sei.

$$K = \frac{m \cdot x}{\varrho^2},$$

woraus

$$x = \frac{\varrho^2 \cdot K}{m}$$

folgt.

Einfluß von Zwischenmedien auf die Wirkung zweier Pole. *Versuch 14:* Man hält zwischen den Pol der Wage und denjenigen des Magnetstabes Platten aus Holz, Papier, Glas, Gestein, Kupfer, Eisen, Nickel, Kobalt.

Resultat: Die magnetische Kraft geht durch die ersten Körper ebensogut hindurch wie durch Luft, durch die drei letzten weniger gut. Schirmwirkung.

Versuch 15: Man stellt mit Eisenfeile das Kraftlinienbild eines starken Magneten dar, vor dessen Pole eine Platte aus weichem Eisen oder ein eiserner Hohlzylinder gelegt ist.

Permeabilität. — Möglichkeit, einen Raum herzustellen, der gegen die Wirkungen des Erdmagnetismus geschützt ist.

5. Untersuchung über die Wirkung von mehr als zwei Polen aufeinander.

Die Wirkung zweier Pole eines Magnets auf einen dritten Pol läßt sich experimentell und mit Zuhilfenahme des Coulombschen Gesetzes auch rechnerisch untersuchen.

Hängt man einen Magneten derart auf, daß seine Drehungsachse durch den einen Pol geht, so ist das Drehungsmoment von andern magnetischen Mengen auf diesen Pol gleich Null, da ja die Resultierende von Fernkräften durch die Drehungsachse geht. Hat der freie Pol der Nadel die Stärke 1, und bringt man ihn in einen Punkt des magnetischen Feldes eines andern Magneten, so wirkt auf ihn eine Kraft von bestimmter Größe und Richtung.

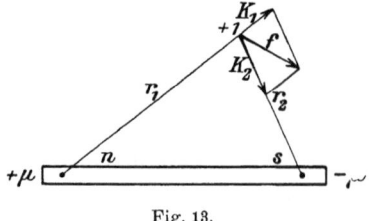

Fig. 13.

Definition: Feldstärke eines Magneten in einem Punkte seines Feldes ist die Kraft, mit der er auf den Pol von der Stärke 1 wirkt.

Aufgabe: Die Feldstärke eines Magneten mit Hilfe des Coulombschen Gesetzes zu berechnen (Fig. 13).

Man berechne

$$K_1 = \frac{\mu}{r_1^2}; \qquad K_2 = \frac{\mu}{r_2^2}; \qquad \angle(K_1, K_2) = \angle n + \angle s.$$

Nach dem Cosinussatz findet man

$$f^2 = K_1^2 + K_2^2 + 2 K_1 K_2 \cos(K_1, K_2).$$

Mit Hilfe trigonometrischer Rechnungen findet man auch die Winkel, die f mit K_1 und K_2 bildet.

Versuch 16: Eine Stricknadel läßt man mittels eines Korks in senkrechter Lage auf Wasser schwimmen und nähert in einer durch den oberen Pol gelegten Horizontalebene einen kurzen Magnetstab oder einen Hufeisenmagnet. Der Pol der schwimmenden Nadel beschreibt eine Kurve, deren Linienelemente in jedem Punkte die Richtung der Feldstärke angeben.

Die Größe der Feldstärke eines Magnetstabes in Punkten der Verlängerung seiner Achse und in Punkten auf dem Mittelote der Achse läßt sich mit Hilfe der magnetischen Wage messen. Man benutzt entweder einen kurzen, kräftigen Magnet oder noch besser einen Elektromagnet, da die Feldstärke sehr schnell mit der Entfernung abnimmt (vgl. S. 25).

Versuch 17: a) Man bringt den Magneten in senkrechter Lage unterhalb oder oberhalb des freien Pols der magnetischen Wage an und mißt für mehrere Entfernungen durch aufgelegte Reitergewichte die magnetischen Kräfte K in Dyn. Ist die Polstärke der magnetischen Wage gleich m, so ist die Feldstärke gleich $\frac{K}{m}$.

b) Man bringt den Magneten in senkrechter Lage vor dem freien Pol der magnetischen Wage an, so daß Mitte des Magneten und Pol der Wage in einer Horizontalebene liegen. Die Feldstärke ist wie oben gleich $\frac{K}{m}$. Bestimme ihren Wert für mehrere Abstände.

Für Entfernungen, die groß gegen die Länge der Nadel sind, ergibt die Rechnung und das Experiment, daß die Feldstärke mit der dritten Potenz der Entfernung abnimmt (vgl. Anhang, Aufgabe 5, S. 25).

6. Untersuchungen über die erdmagnetischen Konstanten.

Die magnetischen Kraftlinien der Erde, in ihrer Richtung nachweisbar durch eine in ihrer Schwerpunktsachse unterstützte, frei bewegliche Magnetnadel, bilden mit der Horizontalebene einen Neigungswinkel, den Inklinationswinkel; ihre Projektionen auf diese Ebene weichen von der Nord-Südrichtung um einen Winkel, den Deklinationswinkel, ab. Die Intensität der erdmagnetischen Kraft an einem Orte der Erde ist entsprechend der Definition für die Feldstärke (S. 17) der Zug in Dyn, der im Erdfelde an dem Einheitspole ausgeübt wird. Diese Kraft läßt sich in eine horizontale Komponente H (Horizontalintensität) und eine vertikale Komponente V (Vertikalintensität) zerlegen.

Aufgabe: Den Inklinationswinkel zu messen. *Versuch 18*: Man dreht das Inklinatorium, bis der Teilkreis parallel der frei beweglichen Nadel ist, stellt nun mit dem Stift das scherenförmige Lager fest und liest am Teilkreise den Winkel zwischen der Nadelspitze und dem in der horizontalen Linie liegenden Nullpunkte der Winkelteilung ab.

Die hauptsächlichsten Fehlerquellen bei dieser Bestimmung sind: 1. exzentrische Lage der Drehungsachse der Nadel im Teilkreis, 2. seitliche Lage des Schwerpunktes der Nadel von der Drehungsachse, 3. Längsverschiebung des Schwerpunktes bezüglich der Drehungsachse. — Der erste Fehler läßt sich angenähert dadurch eliminieren, daß man bei jeder Nadelstellung an beiden Spitzen den Inklinationswinkel abliest und den Mittelwert φ_1 der beiden Winkel nimmt. Zur Elimination des zweiten Fehlers wird die Nadel aus dem Lager herausgenommen, darauf um ihre Längsrichtung um 180° gedreht und in dieser Lage wieder in die Schere gelegt. Der Mittelwert der jetzt an beiden Spitzen abgelesenen Winkel sei φ_2. Um den dritten Fehler herauszuschaffen, magnetisiert man die Nadel in bekannter Weise um und wiederholt die Messungen wie oben, wobei man aus je zwei abgelesenen Winkeln die Mittelwerte ψ_1 und ψ_2 erhält. Dann ist die Inklination

$$i = \frac{1}{4}(\varphi_1 + \varphi_2 + \psi_1 + \psi_2).$$

Im Klassenunterricht wird man sich mit der Messung des Winkels φ_1 begnügen, hingegen im Praktikum die genauere Messung verlangen.

Aufgabe: Den Deklinationswinkel zu bestimmen. *Versuch 19*: Man stellt das Deklinatorium zur Zeit der Kulmination der Sonne bei klarem Himmel auf, so daß das helle Bild der Öffnung in die Null-Linie der Kreisteilung fällt. Diese Linie ist dann die Richtung des geographischen Meridians. Jetzt liest man den Winkel an der Kreisteilung ab, den diese Null-Linie und die Magnetnadel miteinander bilden. Die Zeit der Kulmination der Sonne oder den wahren Mittag findet man in mitteleuropäischer Zeit für einen bestimmten Tag und einen bestimmten Meridian mittels der Gleichung

$$m = s + g + l,$$

wenn m die mitteleuropäische Zeit, s die wahre Sonnenzeit, g die aus einer Tabelle zu entnehmende Zeitgleichung und l die Längendifferenz in Zeiteinheiten zwischen dem 15° östl. L. v. Gr. und dem Meridian des Ortes bedeuten.

In noch einfacherer Weise findet man die Zeit des höchsten Sonnenstandes, wenn man das Mittel aus den Zeiten des Sonnenaufgangs und -untergangs, die man in jedem Kalender findet, nimmt.

Aufgabe: Die Horizontalintensität zu messen (Fig. 14). *Versuch 20*. Eine Magnetnadel, deren Pole durch schwarzen Lack sichtbar gemacht sind, wird mittels eines Haares an einem eisenfreien Stativ in horizontaler Lage aufgehängt; sie stellt sich in die Richtung des magnetischen Meridians ein; diese Richtung wird auf dem Tisch durch einen Kreidestrich fixiert. Nun dreht man die Nadel um 90° aus ihrer Richtung heraus und hält sie in der neuen Lage durch einen Holzklotz fest. Darauf stellt man den auf S. 7 beschriebenen Winkelhebel derart auf, daß die wagerechten Arme parallel der Richtung des Kreidestrichs laufen, und die senkrechte Zunge mit ihrem durch Eisenlack markierten Ende an dem einen Pol der Magnetnadel unmittelbar anliegt. Hinter das Ende des einen Wagebalkens wird eine

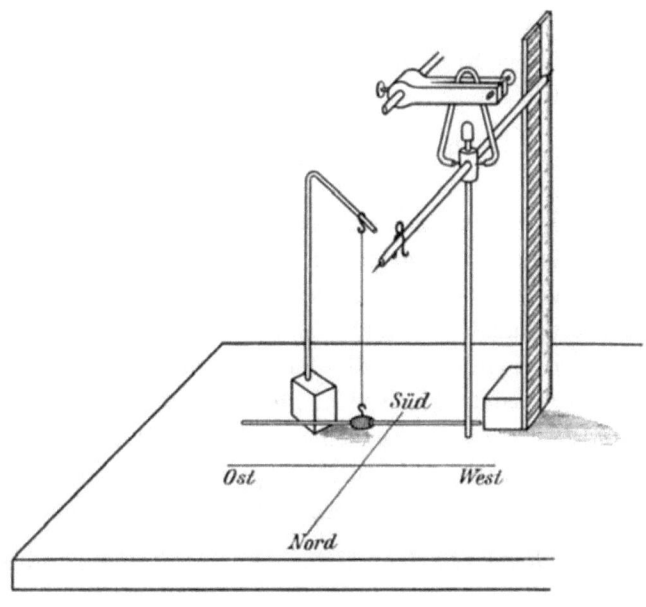

Fig. 14.

Zentimeterskala senkrecht aufgestellt. Der Winkelhebel muß im Gleichgewicht sein, was man daran erkennt, daß bei einer geringen Entfernung der Magnetnadel von der Zunge weg keine Änderung in der Zeigerstellung des Winkelhebels eintritt. Man entfernt nun den Holzklotz, der die Nadel in der Lage Ost-West gehalten hat; sie sucht in den magnetischen Meridian zurückzukehren und drückt den Winkelhebel aus seiner Gleichgewichtslage heraus. Die Größe dieser Direktionskraft mißt man durch ein passendes auf den einen Hebelarm gelegtes Reitergewicht, das man so lange verschiebt, bis der Hebel die alte Ruhelage eingenommen hat.

Wenn die Nadel die Polstärke m Einheiten hat, so zieht am Nordpol eine Kraft $m \cdot H$, ebenfalls am Südpol die Kraft $m \cdot H$; beide Züge erfolgen in derselben Richtung und im selben Abstande von der Drehungsachse; sie lassen sich daher zu einem Gesamtzuge $2mH$, dessen Angriffspunkt in einem Pole liegt, zusammensetzen. Diesem Zuge wird das Gleichgewicht gehalten durch den Druck des auf den Hebelarm gelegten Reitergewichts; dieses möge sich durch ein im Endpunkt des Arms angreifendes Gewicht von p mg ersetzen lassen. Dann ist

$$2mH = p, \text{ folglich } H = \frac{p}{2m}.$$

Die Messung der Polstärke m geschieht durch Versuch 13.

Man kann die Drehwirkung der Horizontalintensität auf einen der beiden Pole dadurch aufheben, daß man den Stab in diesem Pole aufhängt; die horizontale Lage wird durch ein an das kurze Ende gehängtes Bleigewicht wieder hergestellt. Der für die Drehung in Betracht kommende Zug der Horizontalintensität ist jetzt $m \cdot H$. Der Versuch zeigt in der Tat, daß man zur Kompensation dieser Kraft nur das halbe Reitergewicht q mg wie vorher braucht. Aus der Gleichung

$$m \cdot H = q \text{ findet man } H = \frac{q}{m}.$$

Aufgabe: Die Vertikalintensität zu messen. *Versuch 21:* Man benutzt das auf S. 8 beschriebene Inklinatorium, das aber nicht in die Richtung des magnetischen Meridians gestellt zu sein braucht. Auf dem nach oben zeigenden Arm der Inklinationsnadel verschiebt man ein passendes Reitergewicht, bis die Nadel horizontal liegt. Ist m die Polstärke der Nadel, V die Vertikalintensität, so ist der Gesamtzug der erdmagnetischen Kraft in der Schwingungsebene der Nadel gleich $2mV$; die von der Horizontalintensität auf die Pole wirkenden Kräfte kommen nicht in Betrag, da sie keine Bewegung der horizontalen Nadel hervorrufen können. Der von dem Reitergewicht ausgeübte Zug sei gleich p Dyn; dann ist $2mV = p$; $V = \frac{p}{2m}$; m wird nach Versuch 13 gemessen.

Wenn die Drehungsachse der Inklinationsnadel nicht genau durch den Schwerpunkt geht, so gibt eine einzige Messung von V fehlerhafte Resultate. Eine Querverschiebung des Schwerpunktes in bezug auf die Nadelrichtung eliminiert man durch eine Wiederholung des obigen Versuchs mit der um 180° umgelegten Nadel, eine Längsverschiebung des Schwerpunktes durch Ummagnetisieren der Nadel und Wiederholung der beiden letzten Versuche. Nach dem Ummagnetisieren ist natürlich eine neue Bestimmung der Polstärke auszuführen.

7. Anhang. Aufgaben zur Lehre vom Magnetismus.

Die folgenden experimentellen Aufgaben sind teils Ergänzungen, teils Variationen der Versuche des vorhergehenden Lehrganges.

1. **Darstellung von Kraftlinien mittels Eisenfeilspänen** (vgl. Vers. 2; 12; 15). Bezüglich dieser Aufgabe sei verwiesen auf Müller-Pouillet, Lehrbuch der Physik; 9. Aufl., S. 90, und Ebert, Kraftlinien.

2. **Untersuchung der Verteilung des Magnetismus eines Magnetstabes mit Hilfe seiner Tragkraft** (Variation von Vers. 6). Man hängt an die kurze Schale einer hydrostatischen Wage einen kleinen Zylinder aus weichem Eisen und tariert ihn aus. Nun legt man wagerecht unter das Eisenstück den zu untersuchenden Magnetstab, so daß das Eisen in der Ruhelage der Wage die Oberfläche des Magneten berührt. Endlich legt man auf die andere Wagschale so lange Gewichte auf, bis das Eisen abgerissen wird. Diese Messung wird für viele Punkte, die in gleichen Abständen voneinander auf der Längsachse des Magneten liegen, ausgeführt.

Die Anziehung des weichen Eisens durch den Magnet erklärt man sich nach der Lehre von der magnetischen Influenz dadurch, daß in dem dem Stabe zugewandten Ende des Eisenzylinders entgegengesetzter Magnetismus erzeugt wird. Das größte Gewicht T nun, das der Magnet an der Berührungsstelle gerade noch tragen kann, ist einerseits proportional der an dieser Stelle im Magnetstabe vorhandenen Menge m des Magnetismus, andererseits proportional der im weichen Eisen influenzierten Menge am, wenn a ein unbekannter Proportionalitätsfaktor ist. Also ist T proportional dem Produkt $am \cdot m$. Hieraus ergibt sich, daß m proportional der Quadratwurzel aus der Tragkraft ist.

Man stellt nun die Versuchsresultate der obigen Untersuchung graphisch dar, indem man die Längsachse des Magneten mit den untersuchten Punkten als Abszisse auf Koordinatenpapier und die Quadratwurzeln aus den Tragkräften in diesen Punkten als Ordinaten zeichnet. Die Endpunkte der Ordinaten werden durch eine Kurve miteinander verbunden. (Eine einfache Versuchsanordnung, um die Verteilung des Magnetismus in einem Stabmagneten durch seine Tragkraft aufzufinden, findet man in Wiedemann und Ebert, Physikalisches Praktikum, 5. Aufl., S. 529.)

3. **Bestätigung des Coulombschen Gesetzes mit einer Hebelwage und zwei Magnetstäben.** Der eine Magnetstab wird auf eine Schale einer empfindlichen Wage gelegt und austariert. Dann bringt man den zweiten Stab in einem gemessenen Abstande oberhalb an, so daß sich zwei gleichartige Pole gegenüberstehen, während die beiden andern Pole voneinander abgewendet sind. Durch aufgelegte kleine Gewichte wird das gestörte Gleichgewicht der Wage wieder hergestellt. Die Größe der abstoßenden Kraft beider Pole ist nun gleich der Schwere der aufgelegten Gewichtsstücke, die man in Dyn umrechnet. Der Versuch wird für mehrere Entfernungen wiederholt.

4. **Bestimmung von Polstärken**

a) mittels der magnetischen Wage, s. Vers. 13;

b) mittels einer Hebelwage.

Verwendet man bei dieser Aufgabe zwei gleich starke Magnetstäbe (vergl. S. 16), so erhält man m nach der Gleichung $m = r\sqrt{K}$ (Vers. 13).

Bei ungleichen Magneten mit den Polstärken m_1 und m_2 braucht man noch einen dritten Hilfsstab, dessen Stärke m_3 sei. Nach Aufgabe 3 mißt man nun die Kräfte

$$K_{1,2} = \frac{m_1 \cdot m_2}{r_{1,2}^2}; \quad K_{1,3} = \frac{m_1 \cdot m_3}{r_{1,3}^2}; \quad K_{2,3} = \frac{m_2 \cdot m_3}{r_{2,3}^2}.$$

Hieraus findet man die Unbekannten

$$m_1 = \frac{r_{1,2} \cdot r_{1,3}}{r_{2,3}} \cdot \sqrt{\frac{K_{1,2} \cdot K_{1,3}}{K_{2,3}}}; \quad m_2 = \frac{r_{1,2} \cdot r_{2,3}}{r_{1,3}} \cdot \sqrt{\frac{K_{1,2} \cdot K_{2,3}}{K_{1,3}}};$$

$$m_3 = \frac{r_{1,3} \cdot r_{2,3}}{r_{1,2}} \cdot \sqrt{\frac{K_{1,3} \cdot K_{2,3}}{K_{1,2}}}.$$

Für die Rechnung ist es sehr bequem, die Entfernungen so zu variieren, daß die Gewichte $K_{1,2}$, $K_{2,3}$ und $K_{1,3}$ einander gleich sind; dann werden die Wurzeln der obigen Ausdrücke gleich 1. (Fehlerquellen bei diesen Messungen?)

c) mit Hilfe der Horizontalintensität. Setzt man H als bekannt voraus, so findet man (Vers. 20) aus der Gleichung $2mH = p$ den Wert $m = \frac{p}{2H}$.

Eine ganze Anzahl von Versuchsanordnungen zur Bestimmung der Polstärke eines Nadel- oder Stabmagnets, unter der Voraussetzung, daß die Horizontalintensität bekannt ist, lassen sich nach dem Muster der folgenden zusammenstellen. Wegen der Einfachheit und Leichtigkeit, mit der man die erforderlichen Apparate anfertigen kann, eignen sie sich gut, wie ich es im Unterricht erprobt habe, für das praktische Arbeiten der Schüler in gleicher Front. Mittels eines Tropfens Siegellack befestigt man einen Kokonfaden an dem einen Pol einer magnetisierten Nähnadel, den man in $1/12$ der

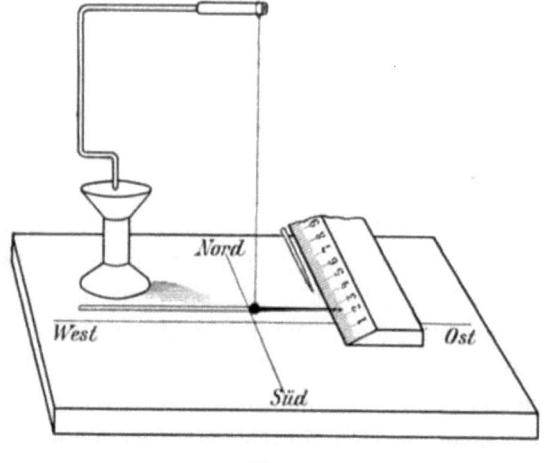

Fig. 15.

Nadellänge von dem einen Ende entfernt annimmt; das andere Ende des etwa 10 cm langen Fadens wird mit Siegellack an eine kurze Glasröhre geklebt. Diese steckt man, wie Fig. 15 zeigt, auf ein Stativ, das man aus Messingdraht und einer Holzrolle, die zum Aufwickeln von Garn gedient hat, herstellt. Die Nähnadel wird nun durch ein dünnes Hölzchen, das mit Siegellack am oberen kurzen Nadelende befestigt ist, in horizontaler Lage ins Gleichgewicht gebracht. Den so angefertigten Apparat stellt man auf ein Blatt weißes Papier, auf das zwei aufeinander senkrechte Geraden gezeichnet sind. Die Nähnadel hängt nun wenige Millimeter über dem Papier. Man dreht jetzt das Papier, bis eine der Geraden parallel der Nadel und der Durchschnittspunkt senkrecht unter dem unterstützten Pol liegt. Darauf dreht man durch Annäherung des in der Nord-Südrichtung gehaltenen zu untersuchenden Magnets, etwa einer andern magnetisierten Nähnadel, die aufgehängte Nadel um 90^0. Auf deren freien Pol von der Polstärke μ wirkt nun einerseits eine vom Erdmagnetismus herrührende Kraft gleich $\mu \cdot H$, andererseits eine von den beiden Polen des Magnets stammende Kraft gleich

$$\frac{m \cdot \mu}{r_1^2} - \frac{m \mu}{r_2^2},$$

wenn m die Polstärke und r_1 und r_2 die Abstände zwischen μ und den beiden Polen m bedeuten (Fig. 16); r_1 und r_2 werden mittels eines Millmeterlineals

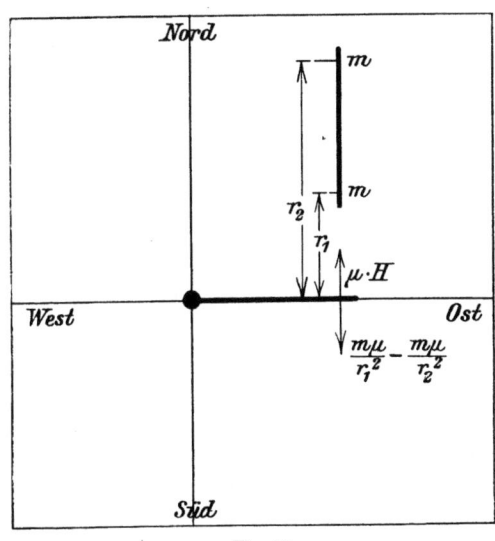
Fig. 16.

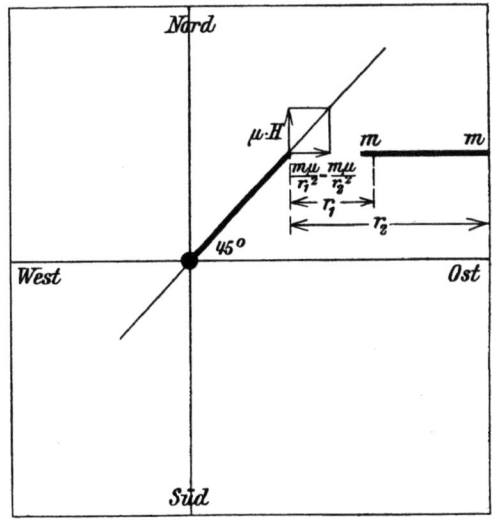
Fig. 17.

gemessen. Da die Nadel unter dem Einfluß beider Kräfte im Gleichgewicht ist, so ist

$$\frac{m \mu}{r_1^2} - \frac{m \mu}{r_2^2} = \mu H.$$

Es ist bemerkenswert, daß sich die Polstärke μ der aufgehängten Nadel aus dieser Gleichung weghebt, so daß man erhält

$$m = \frac{H}{\dfrac{1}{r_1^2} - \dfrac{1}{r_2^2}}.$$

Bei der Untersuchung der Polstärke einer Nähnadel wurde z. B. $r_1 = 3{,}0$ cm, $r_2 = 6{,}33$ cm gemessen, so daß sich $m = \dfrac{0{,}2}{0{,}084} = 2{,}4$ Einheiten ergab.

Eine kleine Abänderung dieser Anordnung ist die folgende. Man nähert den zu untersuchenden Magnet in der Richtung Ost-West der aufgehängten Nadel und zieht sie um 45° aus der Nord-Südlage heraus (Fig. 17). Es sind dann wieder beide Kräfte, die vom Erdmagnetismus und vom Magnetstab herrühren, einander gleich. Die Formel ist dieselbe wie im vorigen Fall.

Bei der in Fig. 18 angedeuteten Versuchsanordnung läßt sich leicht zeigen, daß die vom Magnetstab herrührende Kraft K gleich

$$\frac{m \cdot \mu}{r^2} \cdot 2 \cdot \frac{l}{r}$$

ist; setzt man sie gleich $\mu \cdot H$, so wird

$$m = \frac{r^3 \cdot H}{2l}.$$

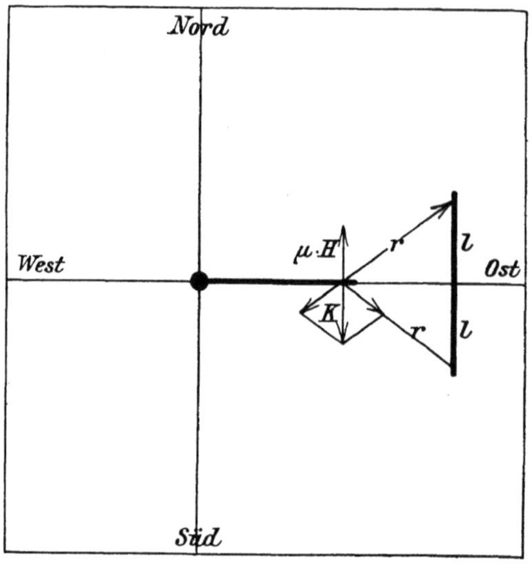

Eine hübsche Aufgabe für Schülerübungen, die sich nach

Fig. 18.

einer der vorhergehenden Methoden lösen läßt, ist die Untersuchung der Polstärken einer magnetisierten Stricknadel, die in immer kleinere Stücke zerbrochen wird.

5. **Messung der Feldstärke eines Stabmagneten**

a) durch Vergleichung mit der Schwerkraft, s. Vers. 17;

b) durch Vergleichung mit der Horizontalintensität der erdmagnetischen Kraft. Ein Magnetstab M wird horizontal in die Ost-West-Richtung gelegt; eine kurze Magnetnadel, die sich um ihren Mittelpunkt in horizontaler Ebene über einer Kreisteilung drehen kann, wird so aufgestellt, daß ihr Mittelpunkt in der Verlängerung der Achse des Magnetstabes liegt (Fig. 19). Wenn F die Feldstärke des Stabes M in der nächsten Umgebung des Mittelpunktes der Nadel und μ deren Polstärke ist, so wirken auf jeden Pol derselben die beiden Kräfte μF und μH unter rechtem Winkel ein, unter deren Einfluß die Nadel um einen Winkel α abgelenkt wird. Man erkennt nun aus der Figur, daß $\operatorname{tg}\alpha = \dfrac{\mu F}{\mu H}$, also $F = H \cdot \operatorname{tg}\alpha$ ist.

Für Feldstärken von Punkten in verschiedenen Abständen erhält man dann

$$F_1 : F_2 : F_3 \ldots = \operatorname{tg}\alpha_1 : \operatorname{tg}\alpha_2 : \operatorname{tg}\alpha_3 \ldots$$

Falls die Längen des Stabes M und der Nadel klein sind gegen ihren gegenseitigen Abstand, so lehrt das Experiment, daß die Tangenten der Ablenkungswinkel mit der dritten Potenz der Entfernung abnehmen.

6. **Messung der Horizontalintensität**

a) durch Vergleichung mit der Schwerkraft, siehe Vers. 20;

b) durch Vergleichung mit der abstoßenden Kraft eines Magnetpols.

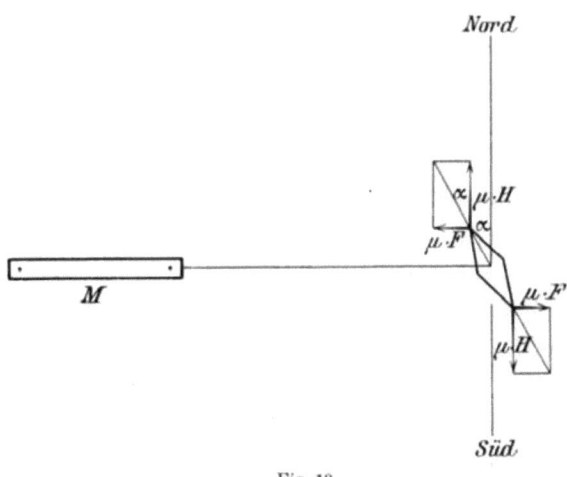

Fig. 19.

Die letztere Bestimmung läßt sich sowohl mit dem Deklinatorium als auch mit dem Inklinatorium anstellen.

Man dreht das Deklinatorium, bis die Magnetnadel über der Nullinie der Kreisteilung liegt. Durch den Nordpol eines zweiten Magnetstabes, der ungefähr dieselbe Größe wie die Nadel des Deklinatoriums hat, stößt man den Nordpol der Nadel so weit ab, bis sie um 90° gedreht ist. Die beiden Südpole sind voneinander abgewendet, die Richtungen beider Magnetnadeln parallel (Fig. 20). Auf die Deklinationsnadel wirkt nun der Erdmagnetismus mit einem Zuge von $2 m H$; ihm wird das Gleichgewicht gehalten durch die abstoßende

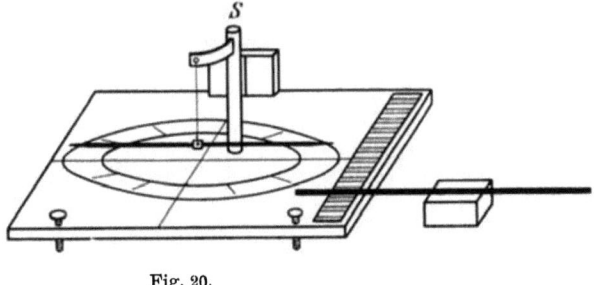

Fig. 20.

Kraft zwischen den Nordpolen der beiden Magnete, die nach dem Coulombschen Gesetz gleich $\frac{m \cdot \mu}{r^2}$ ist, wenn μ die Polstärke der ablenkenden, m die der abgelenkten Nadel und r die an der Zentimeterskala abgelesene Entfernung beider Pole ist. Durch Gleichsetzung beider Kräfte erhält man

$$2 m H = \frac{m \cdot \mu}{r^2},$$

folglich ist

$$H = \frac{\mu}{2 r^2}.$$

Bemerkenswert ist, daß sich die Polstärke der Deklinationsnadel aus der Endgleichung heraushebt.

Diese Methode ist im Prinzip dieselbe wie die von Grimsehl in dieser Zeitschrift (*Jahrgang 1903, S. 334*) angegebene; bezüglich ihrer Verwendung, um bequem H an verschiedenen Punkten eines Eisenmassen enthaltenden Gebäudes zu bestimmen, sei auf die Arbeit von Grimsehl verwiesen.

Bei der Verwendung des Inklinatoriums zur Bestimmung von H dreht man den Teilkreis in den magnetischen Meridian und nähert den Südpol eines Magnetstabes dem der Nadel, bis diese genau vertikal steht (Fig. 21). Dann ist wie vorher

$$2 m H = \frac{m \cdot \mu}{r^2},$$

also

$$H = \frac{\mu}{2 r^2}.$$

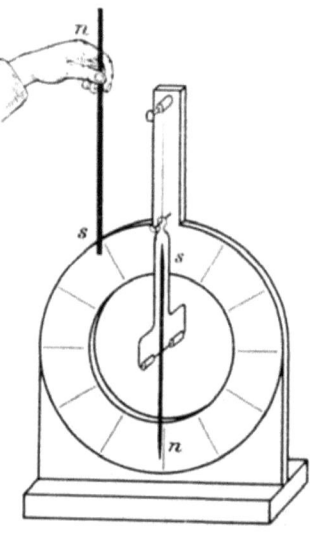

Fig. 21.

7. **Messung der Vertikalintensität**

a) durch Vergleichung mit der Schwerkraft, s. Vers. 21;

b) durch Vergleichung mit der abstoßenden Kraft eines Magnetpols. Man stößt den Nordpol der Inklinationsnadel durch den Nordpol eines ungefähr gleich starken Magnetstabes ab, bis die Inklinationsnadel wagerecht

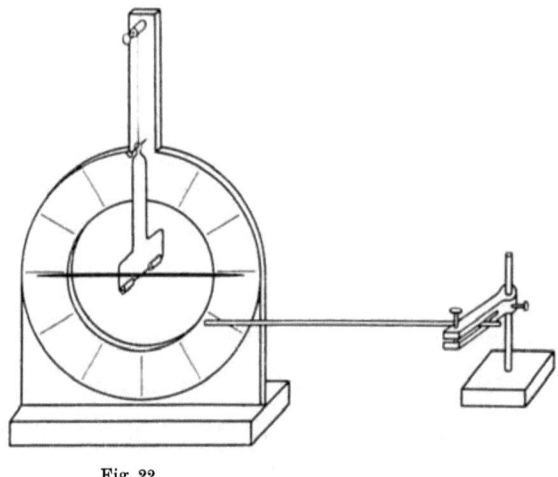

Fig. 22.

liegt (Fig. 22). Es ist dann der Zug der Vertikalintensität an beiden Polen gleich der abstoßenden Kraft der beiden Nordpole, also

$$2 m V = \frac{m \cdot \mu}{r^2},$$

folglich
$$V = \frac{\mu}{2\,r^2}.$$

Bei genaueren Messungen muß die Inklinationsnadel umgelegt und ummagnetisiert werden (vergl. Vers. 21).

8. Messung der Gesamtintensität

a) durch Vergleichung mit der Schwerkraft. Durch ein auf den südlichen Arm der Inklinationsnadel aufgelegtes Reitergewicht bringt man die

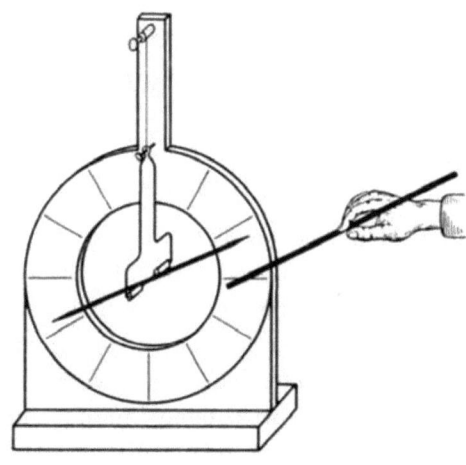

Fig. 23.

Inklinationsnadel um 90° aus ihrer Richtung. Dann ist der Zug der erdmagnetischen Kraft gleich $2\,mJ$, der Zug des Reitergewichts gleich $p \cdot \sin \varphi$, wenn p das Gewicht und φ den Inklinationswinkel bezeichnen. Also ist

$$2\,m\,J = p \cdot \sin \varphi$$

oder

$$J = \frac{p \cdot \sin \varphi}{2\,m};$$

b) durch Vergleichung mit der abstoßenden Kraft eines Magnetpols. Man dreht die Inklinationsnadel durch die Abstoßung eines Magnetpols um 90° (Fig. 23). Dann ist

$$2\,m\,J = \frac{m \cdot \mu}{r^2},$$

$$J = \frac{\mu}{2\,r^2}.$$

Zweiter Teil.

Kraftwirkungen zwischen elektrischen Strömen und Magneten.

I. Einleitung.

In dem folgenden zweiten Teil werden die zwischen Stromleitern und Magneten wirkenden anziehenden und abstoßenden Kräfte behandelt, und zwar wird nach einigen einleitenden qualitativen Versuchen über die Ablenkung einer Magnetnadel durch den elektrischen Strom zunächst eine Methode angegeben, nach der im Unterricht induktiv das Biot-Savartsche Gesetz gefunden werden kann, dann wird ohne Zuhilfenahme höherer Mathmatik für einfach geformte Stromleiter gezeigt, wie man die Kräfte zwischen Polen und Stromleitern mit Hilfe dieses Gesetzes berechnen kann; die Wirkung des Erdmagnetismus auf elektrische Ströme wird in einem besonderen Kapitel behandelt.

Die methodische Behandlung dieser Fragen im folgenden ist von der historischen verschieden. Bekanntlich fanden Biot und Savart durch Versuche das Gesetz, daß die Wirkung eines unendlich langen geradlinigen Stromes auf einen Magnetpol umgekehrt proportional der ersten Potenz des Abstandes des Pols vom Leiter ist. Sie bestimmten die Größe dieser Kraft aus der Schwingungsdauer einer kleinen Magnetnadel, nachdem die Wirkung des Erdmagnetismus auf dieselbe durch einen in passender Entfernung angebrachten Magnetstab aufgehoben war. Auf Grund ihrer Beobachtungen sprach Laplace zuerst das gewöhnlich nach Biot und Savart benannte Gesetz für die Wirkung eines kleinen geradlinigen Stromelements auf einen Magnetpol aus. Diese Art der Auffindung eines Gesetzes ist ein Beispiel für die indirekte induktive Methode, die Höfler in seiner Physik folgendermaßen charakterisiert: „Die indirekte induktive Methode leitet (wie alle Hypothesenbildung) aus zunächst nur angenommenen (vermuteten) Gesetzmäßigkeiten solche Bestimmungen ab (teils durch bloß mathematische Schlüsse, teils durch Verbindung der zu prüfenden Gesetzmäßigkeit mit schon anderweitig erkannten Erfahrungssätzen), die sich mit Tatsachen direkt vergleichen und aus ihnen bestätigen lassen."

Vor dieser für die wissenschaftliche Forschung so wichtigen und fruchtbaren Methode verdient im Schulunterricht meiner Ansicht nach die direkte induktive Methode wegen ihrer Unmittelbarkeit und Einfachheit den Vorzug; sie ist im folgenden angewandt worden. Es wird nämlich zuerst das Elementengesetz unmittelbar durch Versuche gefunden und dann durch Summation der Einzelwirkungen von Stromelementen die Wirkung geschlossener endlicher Stromleiter berechnet.

Die magnetischen Kräfte werden nicht, wie es sonst üblich ist, aus den Schwingungszeiten einer kleinen Magnetnadel, also durch Vergleich mit der Horizontalintensität des Erdmagnetismus, sondern mittels der magnetischen Wage durch Vergleich mit der Schwerkraft gemessen.

Die benutzten Apparate sind so einfach, daß man sie sämtlich ohne hervorragende Geschicklichkeit und Übung in praktischen Arbeiten selbst herstellen kann.

II. Beschreibung der Apparate.

Die folgenden Apparate werden bei den Versuchen des nächsten Abschnitts gebraucht:

1. Zwei magnetische Wagen. Die Herstellung derselben ist bereits auf S. 5 beschrieben. Die Polstärken müssen sich ungefähr wie 1:2 verhalten. Dieses Verhältnis erhält man angenähert, wenn man als Wagebalken bei der einen eine stark magnetisierte Stricknadel von $1^3/_4$ mm Durchmesser, bei der andern eine $2^1/_2$ mm dicke Packnadel aus Stahl nimmt.

2. Ein 4 bis 5 Dezimeter langer Magnetstab, der durch Magnetisieren eines $3^1/_2$ mm dicken Stahldrahtes hergestellt wird.

3. Eine magnetisierte Stricknadel. Sie kann, wie Fig. 24 zeigt, an einem aus Siegellack hergestellten, an einem dünnen Faden befestigten Lager aus Siegellack in horizontaler Richtung in ihrem Mittelpunkte oder mit Zuhilfenahme eines Gegengewichts in einem Pole aufgehängt werden.

4. Eine kleine Inklinationsnadel (s. Fig. 8).

5. Ein Apparat nach Faraday, der die Rotation eines Magnetstabes um einen geradlinigen Strom zeigt, oder irgendein anderer Apparat, der demselben Zwecke dient (vergl. S. 35).

6. Ein in Fig. 25 abgebildeter Apparat zum Nachweis des Biot-Savartschen Gesetzes. Man stellt ihn auf folgende Weise her: In ein rechteckiges Holzbrett von 60 cm Länge und 12 cm Breite schraubt man vier Messingschrauben so ein, daß sie die Ecken eines 52 cm langen und 9 cm breiten Rechtecks bilden, und wickelt einen umsponnenen Kupferdraht (0,7 mm Durchmesser) zehnfach als Rechteckseiten um dieselben (Fig. 26). Die Drahtenden führen zu den Klemmschrauben A und B. Zwei angeschraubte Holzklötze dienen als Fuß des Apparates. Man stellt ihn auf ein gehobeltes rechteckiges Grundbrett (40 cm × 25 cm) (Fig. 27), auf das eine von 5 zu 5 Grad gehende

Kreisteilung gezeichnet ist. Der eine Durchmesser (0°—180°) ist bis an den Rand des Brettes verlängert. Mittels einer aufgeklebten Papierzentimeterskala läßt sich der Abstand eines Punktes dieser Linie vom Mittelpunkt der Kreisteilung messen.

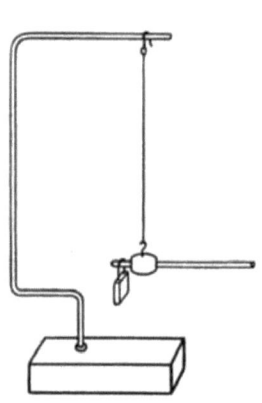

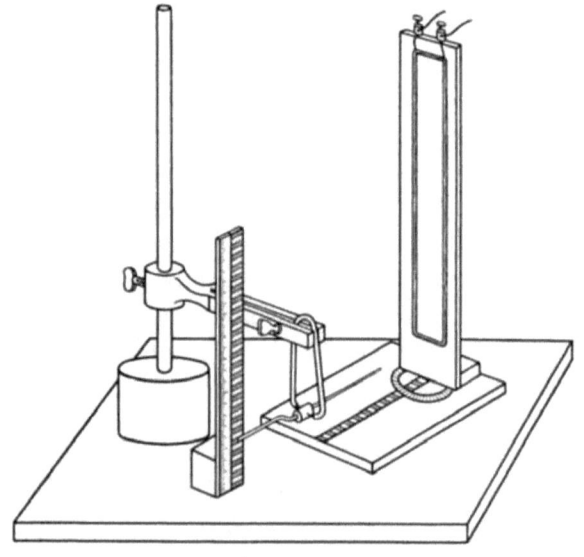

Fig. 24. Fig. 25.

7. Mehrere große Kreisleiter von verschiedenem Durchmesser (45, 67½ und 90 cm). Man wickelt um einen Holzring, wie er zum Reifenspiel verwendet wird, in mehreren Windungen einen umsponnenen Kupferdraht (1,5 mm Durchmesser). Dann befestigt man an dem Holzring mehrere kleine Klemmschrauben, so daß zwischen Klemme a und b eine ganze Wickelung, zwischen b und c zwei und zwischen c und d vier

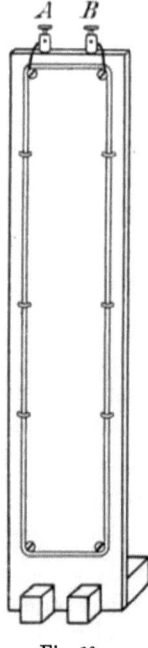
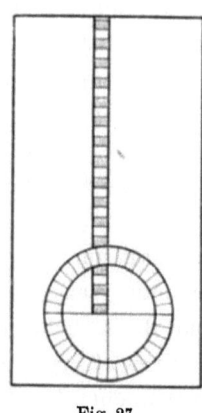
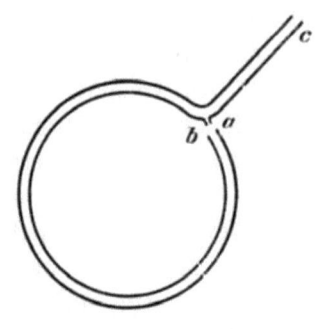

Fig. 26. Fig. 27. Fig. 28.

Wickelungen liegen. Diese Anordnung ermöglicht es, den Strom durch eine beliebige zwischen 1 und 7 liegende Anzahl ganzer Windungen zu schicken. Will man noch einen Bruchteil, etwa $1/4$, $1/2$ und $3/4$, einer ganzen Windung als Leiter benutzen, so bedarf man noch zweier Klemmschrauben e und f, die von a eine viertel bzw. eine halbe Windung entfernt sind.

Solche Kreisleiter fertigt man sich, um den Radius des Kreisstromes variieren zu können, mehrere an, deren Durchmesser am besten in einfachen Verhältnissen, z. B. $1 : 1^1/_2 : 2$, stehen.

8. **Kreisförmige Stromwage.** Aus einer 4 mm dicken Glasröhre biegt man ein Gestell, wie Fig. 28 zeigt; der Durchmesser des Kreises beträgt etwa 12 cm, der geradlinige Teil ac etwa 10 cm. An der Stelle a ist ein Loch in die Glasröhre geblasen worden. Ein umsponnener Kupferdraht von 0,5 mm Dicke wird nun durch den kreisförmigen Teil der Glasröhre geschoben, so daß das eine Ende aus der Öffnung a, das andere aus dem kurzen Schenkel b hervorragt. Es wird jetzt auf das gerade Ende der Glasröhre ein zweimal durchbohrter Kork geschoben. Durch die zweite Bohrung führt man als Gegengewicht eine stärkere Glasröhre hindurch. Zwei starke Nähnadeln werden dann als Drehungsachse, die Spitzen nach auswärts gekehrt, durch den Kork gesteckt, so daß sie sich nicht im Innern des Korks berühren. Mit den Spitzen legt man sie auf ein Lager, das weiter unten beschrieben wird. Durch seitliches Verschieben des Korkes wird die Wage in horizontaler Lage ins Gleichgewicht gebracht. Darauf lötet man die aus der Kreisröhre herausragenden Drahtenden an den aus dem Kork hervorstehenden Nähnadeln fest. Die Nadeln müssen so durch den Kork geführt worden sein, daß die Wage bereits eine möglichst große Empfindlichkeit besitzt; diese wird

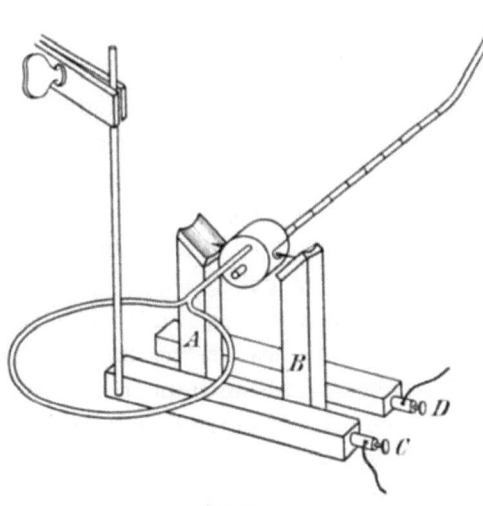

Fig. 29.

dadurch erhöht, daß man den geradlinigen Glasarm nahe seinem freien Ende durch Erhitzen weich macht und nach oben oder unten biegt. Hierdurch gelingt es, den Schwerpunkt der Wage beliebig nahe an die Unterstützungsachse zu bringen. Die Empfindlichkeit ist etwa so groß zu machen, daß ein Zentigrammreiter am äußersten Ende des kreisförmigen Armes dieses um etwa 4 cm zum Sinken bringt. Der geradlinige Wagearm erhält wie die Magnetwage (S. 6) eine Zehntelteilung, deren Endpunkte durch schwarze Lackringe fixiert werden. Der äußerste Teilstrich ist von der Drehungsachse ebensoweit entfernt wie der Mittelpunkt des Kreises am andern Wagearm von der Drehungsachse.

Ein Lager für diese Wage (s. Fig. 29) fertigt man sich aus Holzklötzen an. Die Säulen A und B sind am oberen Ende nach der Mitte hin abgeschrägt; diese dachförmigen Flächen sind mit Kupfer- oder Messingblech, das nach den Mitten hin muldenartig vertieft ist, belegt. Zwei angelötete Kupferdrähte führen nach den Klemmschrauben C und D hin. Die Stromwage wird mit den Nadelspitzen auf die Metallbleche gelegt. Verbindet man nun die Klemmschrauben mit den Polen einer Stromquelle, so fließt der Strom von einer Klemme durch den Draht zum Metallblech, von hier über die Kontaktstelle in die eine Nähnadel, weiter durch den kreisförmigen Leiter zur zweiten Nähnadel und über die Kontaktstelle zur zweiten Nadel und zur andern Klemme zurück.

9. **Quadratische Stromwage.** Man biegt aus einer 4 mm dicken Glasröhre ein Gestell, wie Figur 30 zeigt; die Seiten ab, bc, cd und de sind 20 cm lang. Auf das Ende ef schiebt man einen durchbohrten Kork bis zur Mitte. Zwei starke Nähnadeln werden als Unterstützungsachse durch den Kork so gesteckt, daß die Spitzen nach außen stehen, und die Nadelenden im Innern des Korks sich nicht berühren. An den Stellen e und f werden die Enden der Glasröhre miteinander durch Umwickeln mit Bindfäden und durch Verkittung mit Siegellack befestigt. Es ist darauf zu achten, daß bei der Unterstützung des Gestells auf beiden Nadelspitzen das Rechteck in horizontaler Lage im Gleichgewicht und bereits möglichst empfindlich ist.

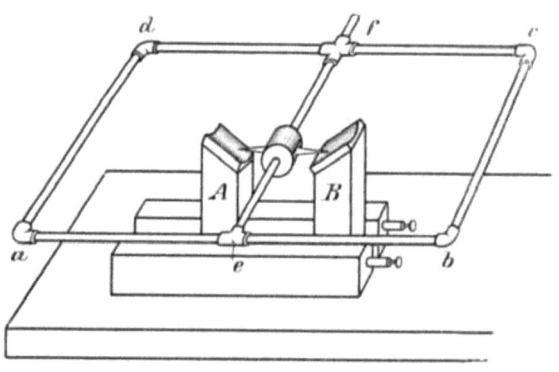

Fig. 30.

Es wird nun ein 0,1 mm dicker, umsponnener Kupferdraht etwa zehnmal außen um das Quadrat $abcd$ gewickelt; zu dem Zwecke befestigt man an den Ecken a, b, c, d etwas weich gemachten Siegellack und formt die Stücke, während sie noch weich sind, sattelförmig um. Hierdurch gelingt es, den Draht um das Gestell herumzulegen, ohne daß er von den Seiten des Quadrats heruntergleitet. Endlich werden die Drähte an den Ecken a, b, c, d mit Siegellack und Bindfäden befestigt. Die beiden freien Enden des Drahtes führen vom Punkte e aus zu den Nähnadeln, an deren herausstehenden Enden sie festgelötet werden. Die horizontale Lage und eine beliebig große Empfindlichkeit dieser Stromwage wird einmal durch eine passende Verteilung der Siegellackmengen an den Ecken a, b, c, d, dann durch Einstecken von Messingstiften in den Kork erreicht. Die Empfindlichkeit ist etwa so groß zu machen, daß ein auf den Arm ab gelegtes Reitergewicht von 0,01 g einen Ausschlag desselben von 4 cm bewirkt. Als Lager für die Stromwage dient das bei der kreisförmigen Wage beschriebene.

10. **Drehbares Solenoid** (Fig. 31). Um die Wirkung des Erdmagnetismus oder eines Magneten auf eine stromdurchflossene Spirale zu zeigen, habe ich

mir ein Solenoid in folgender Weise hergestellt. Ein 7½ cm langer und 3 cm dicker zylindrischer Kork wird mit einem 10 m langen und 0,2 mm dicken umsponnenen Kupferdraht gleichmäßig umwickelt; dann wird, um das Gewicht des Solenoids zu verkleinern, ein konaxialer Zylinder von 1,5 cm Durchmesser aus dem Kork ausgehöhlt. Nun werden 2 Nähnadeln senkrecht zur Achse und in der Mitte des Solenoids zu beiden Seiten so in den Kork gesteckt, daß die Spitzen nach außen stehen, die Nadelenden sich aber im Innern des Solenoids nicht berühren. Man erreicht es mit leichter Mühe, daß das auf den Spitzen gelagerte Solenoid ungefähr in horizontaler Lage im Gleichgewicht ist und bereits eine ziemlich große Empfindlichkeit besitzt. Man lötet jetzt die Enden des Drahtes an den beiden Nadeln fest. Um eine genaue horizontale Lage und eine nahezu indifferente Gleichgewichtslage des Solenoids zu erzielen, steckt man kleine Messingstifte in den Kork hinein. Als Lager für das Solenoid dient wieder dasselbe wie bei der kreisförmigen und quadratischen Stromwage.

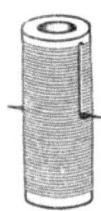
Fig. 31.

11. **Kleiner kreisförmiger Stromleiter.** Man schneidet mit der Laubsäge aus Zigarrenkistenholz einen Kreisring, dessen äußerer Durchmesser etwa 7 cm und dessen Breite ¾ cm beträgt; darauf schneidet man aus festem Kartonpapier zwei Kreisringe von demselben inneren, aber von einem 4 mm größeren äußeren Durchmesser und klebt sie auf beide Seiten des Holzringes. Nun wickelt man um die äußere Peripherie des Holzringes etwa 25 mal einen dünnen umsponnenen Kupferdraht, dessen Enden zu zwei Klemmschrauben führen.

III. Einleitende Versuche.

1. **Örsteds Fundamentalversuch.** Man hängt eine magnetische Wage an einem ungedrillten Faden auf und hält einen geradlinigen stromdurchflossenen Leitungsdraht in die Nähe der Nadel; es wird der Nordpol senkrecht zu der durch Leitungsdraht und Pol gelegten Ebene abgelenkt. — Amperesche Schwimmregel oder Faradaysche Daumenregel. — Der Draht wird abwechselnd über, unter und neben den Pol gehalten; dann werden dieselben Versuche mit umgekehrter Stromrichtung angestellt.

Der Vorzug dieser Versuchsanordnung vor der üblichen besteht erstens in der Beweglichkeit des Magnetpols nach allen Richtungen einer Ebene, bedingt durch die doppelte Drehungsachse der Magnetwage, zweitens in der größeren Einfachheit der Verhältnisse, insofern der Strom nur auf einen einzigen Pol wirkt, da der zweite Pol im Durchschnittspunkt der beiden Drehungsachsen liegt.

2. Ein Südpol wird durch einen elektrischen Strom stets nach der entgegengesetzten Seite abgelenkt wie ein Nordpol. Der Nachweis wird mit einer magnetisierten Stricknadel geführt, die in ihren Polen an einem dünnen Faden in horizontaler Lage aufgehängt werden kann (Fig. 24, S. 31). Das ver-

schiebbare Lager kann man sich aus Siegellack und Draht ohne Mühe selbst herstellen. Dem herausragenden langen Nadelende wird durch ein passendes Gegengewicht das Gleichgewicht gehalten.

3. Ein geradliniger elektrischer Strom übt in der Verlängerung seiner Richtung auf einen Magnetpol keine Kraft aus.

Zum experimentellen Nachweis führt man einen geradlinigen Draht auf den freien Pol einer in einem Holzstativ eingeklemmten Magnetwage in horizontaler Ebene zu und biegt ihn in der Nähe des Pols senkrecht nach oben oder unten um; der Einfluß der entfernten Zu- oder Fortleitungsenden des Drahtes auf den Pol kann beliebig klein gemacht werden. Wird nun ein Strom durch den Draht geschickt, so gibt die Wage keinen Ausschlag. Der senkrecht umgebogene Stromleiter übt nach der Schwimmregel auf den Pol eine Kraft in horizontaler Ebene aus; diese vermag aber keinen Ausschlag der Wage hervorzurufen, weil die Drehungsachse selbst horizontal liegt.

Diese Erfahrung ist dann wichtig, wenn man nur die Wirkung eines bestimmten Teils eines Stromleiters auf einen Pol untersuchen will, ohne daß die Zuleitungsdrähte störend wirken.

4. Der Örstedsche Versuch lehrt schon, daß ein elektrischer Strom mit einem Magneten einige Eigenschaften gemeinsam hat; um diese Ähnlichkeit genauer zu erkennen, zeige man, daß ein gerader Stromleiter in seiner Umgebung ein magnetisches Feld hervorruft. Erzeugung der Kraftlinien durch Eisenfeilspäne. Untersuchung des Feldes mit der kleinen Magnetnadel (Fig. 8, S. 9).

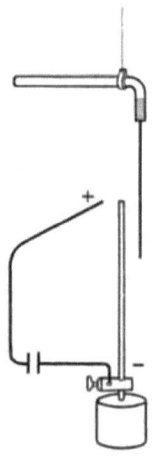

Fig. 32.

Rotation eines Magnetpols um einen Stromleiter nach der FARADEYschen Versuchsanordnung. Eine einfache Versuchsanordnung, um die Rotation eines Magnetpols um einen Leiter zu demonstrieren, hat Grimsehl in den Sonderheften der Zeitschrift für den physikalischen und chemischen Unterricht, Band II, Heft 2, S. 6, angegeben.

Ich benutze, um die Rotation eines Pols um einen Stromleiter zu zeigen, eine etwas veränderte Versuchsanordnung, die in Figur 32 abgebildet ist. Eine magnetisierte Stricknadel wird mit ihrem südpolaren Ende mittels geschmolzenen Siegellacks in dem kurzen Schenkel einer rechtwinklig umgebogenen Glasröhre festgekittet. Der andere Schenkel wird mittels eines Drahtlagers an einem Frauenhaar aufgehängt; damit die Stricknadel senkrecht nach unten hängt, legt man auf den längeren Glasarm irgendein Übergewicht oder wählt ihn von vornherein genügend lang, um der Stricknadel das Gleichgewicht zu halten. Man stellt nun einen Messingdraht von 3 mm Dicke und 10 bis 15 cm Höhe senkrecht auf, so daß seine Spitze bis zur Mitte der Stricknadel reicht, und seine Achse mit der verlängerten Richtung des Aufhängefadens zusammenfällt; der Abstand zwischen Nadel und Draht beträgt weniger als 1 cm. Die Ausführung des Versuches ist nun wie bei Grimsehl. Man verbindet den Fuß des Messingdrahts mit dem negativen Pol eines Akkumulators; an den positiven Pol desselben schließt man einen Leitungsdraht an, mit dem man das obere Ende des Messingdrahts berührt. Es fließt nun ein Strom durch den Draht, welcher die Nadel in Rotation um den Draht versetzt. Wenn die Nadel in die Nähe des Zuleitungsdrahtes kommt, zieht man diesen einen Augenblick zurück, um die Nadel vorbeizulassen; dann schließt man wieder schnell den Strom.

Die Richtung der Rotation läßt sich nach folgender Regel merken: Denkt man sich einen Korkzieher in der Richtung des Stroms vorwärtsgedreht, so wird ein Nordpol im Sinne seiner Drehung in Kreislinien um den Leiter herumbewegt.

IV. Biot-Savartsches Gesetz.

Die Kraftwirkung eines beliebig gestalteten Stromleiters auf einen Magnetpol läßt sich experimentell mittels der Polwage in ähnlicher Weise in Dyn messen wie die Kraftwirkung zwischen zwei Magnetpolen (vgl. S. 15); man würde die Ruhelage der magnetischen Wage bei stromlosem Leiter bestimmen, darauf den Strom durch den Leiter schicken und endlich durch Auflegen von Gewichten den abgelenkten Wagearm in die Nullstellen zurückbringen.

Die Überlegung zeigt, daß diese Wirkung abhängen kann

1. von der Stärke des Magnetpols;
2. von der Stärke des elektrischen Stromes;
3. von der Gestalt des Stromleiters;
4. von dem Abstande zwischen Pol und Stromleiter;
5. vom Zwischenmedium.

Der experimentellen Auffindung einer einfachen gesetzmäßigen Beziehung zwischen der Kraft und diesen fünf Momenten bietet dem Anschein nach die Form des Stromleiters die größte Schwierigkeit dar, weil man bei der Untersuchung unendlich viele verschieden geformte Leiter verwenden kann. Nun kann man jedoch einen beliebig gestalteten Leiter in viele kleine Abschnitte zerlegt denken, die man bei hinreichender Zahl als geradlinige Elemente ansehen kann; wenn es nun gelänge, das Gesetz für die Wirkung eines geradlinigen kleinen Leiterelements auf einen Magnetpol aufzufinden, so würde man durch Summation der einzelnen Elementarwirkungen die Kraft zwischen einem beliebig gestalteten Leiter und einem Magnetpol erhalten. Somit ist unsere Aufgabe zurückgeführt auf folgende einfachere: *Mit welcher Kraft wirkt ein stromdurchflossenes, geradliniges, sehr kleines Leiterelement auf einen Magnetpol?*

In beistehender Fig. 33 sei λ ein solches Stromelement, das von einem Strome durchflossen werde; der Pol habe die Stärke m, der Abstand Pol—Element sei r, und der Winkel zwischen r und λ sei φ.

a) Da bereits oben (S. 35) gezeigt ist, daß ein geradliniger Leiter auf einen Pol, der in der Verlängerung seiner Richtung liegt, keine Kraft ausübt, so läßt sich vermuten, daß beim Element λ die Wirkung derjenigen Komponente von λ, welche in die Richtung r fällt, gleich Null ist, und daß die Wirkung von λ sich ersetzen läßt durch diejenige eines senkrecht zu r stehenden Elementes, dessen Länge gleich der Projektion von λ auf diese Senkrechte, d. h. gleich $\lambda \sin \varphi$, ist.

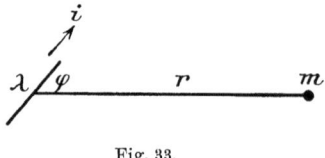

Fig. 33.

Zur Prüfung dieser Vermutung dient folgender *Versuch* (Fig. 25, S. 31): Man stelle die magnetische Wage und das Drahtrechteck (Fig. 26) auf das Grundbrett (Fig. 27) derart, daß der Wagebalken und die untere horizontale Rechteckseite gleiche Höhe vom Grundbrett aus haben; der Abstand des freien Pols vom Mittelpunkt der Kreisteilung betrage etwa 15 cm, und die Rechteckfläche stehe genau über dem Durchmesser 90^0—270^0 der Kreisteilung. In dieser Lage ist der Winkel $\varphi = 90^0$. Man bestimmt nun die Nullage der Wage auf einer senkrecht hinter das Ende des Wagebalkens gestellten Skala. Dann schickt man durch das Drahtrechteck einen Strom (etwa 5 Ampere), dessen Richtung so gewählt wird, daß er den Pol der Wage nach aufwärts treibt. Endlich legt man auf die Wage ein passendes Reitergewicht (10 Dyn) und verschiebt es, bis die Wage in die Nullstellung zurückgebracht ist. Die Berechnung des auf den freien Polpunkt reduzierten Drucks dieses Reiters geschieht in derselben Weise, wie es auf S. 15 angegeben ist. Dieser gemessene Druck ist gleich der in entgegengesetzter Richtung liegenden Kraft, die vom Leiterrechteck auf den Pol ausgeübt wird. — Von den vier Seiten dieses Rechtecks kommt aber im wesentlichen nur die Wirkung der unteren wagerechten Seite in Betracht, weil die Kraftwirkungen der beiden senkrechten Seiten nach der Amperesehen Schwimmregel horizontale Richtung haben, daher in die Drehungsachse der Magnetwage fallen und keine vertikale Bewegung des Pols hervorrufen können, und weil die Kraftwirkung der oberen horizontalen Seite wegen ihrer großen Entfernung vom Pole vernachlässigt werden kann.

Man stellt nun eine Reihe von ähnlichen Beobachtungen an, bei denen der Winkel φ durch Drehung des Drahtrechtecks auf der Kreisteilung variiert wird. In nachfolgender Tabelle sind die Resultate einer solchen Versuchsreihe zusammengestellt. In der ersten Spalte stehen die Winkel φ, welche das Stromelement mit der Verbindungslinie seines Mittelpunktes und des Pols bildet, in der zweiten die bezüglichen Kraftwirkungen in Dyn und in der dritten die nach der Formel $K_\varphi = K \cdot \sin \varphi$ berechnete Kraftwirkung, wenn K die durch den ersten Versuch für $\varphi = 90^0$ bestimmte Größe der Kraft bedeutet.

φ	K beobachtet in Dyn	K berechnet in Dyn
90°	6,5	6,5
80°	6,4	6,4
70°	6,2	6,1
60°	5,8	5,6
50°	5,2	5,0
40°	4,5	4,2
30°	3,6	3,2
20°	2,6	2,2
10°	1,4	1,1
0°	0,3	0

Durch die hinreichende Übereinstimmung der beobachteten und der berechneten Resultate ist somit experimentell der Satz bewiesen: Die Wirkung zwischen einem Pol und einem kleinen geradlinigen Leiterstück läßt sich ersetzen durch die Wirkung der Projektion dieses Elementes auf die zur Verbindungslinie des Elements mit dem Pol senkrechten Geraden.

K ist proportional $\lambda \cdot \sin \varphi$.

Bemerkung: Gegen die beschriebenen Versuche lassen sich einige Einwendungen machen. Wir haben es z. B. bei der Drahtrechteckseite nicht mit einem unendlich kleinen, einfachen Element, sondern mit einem ziemlich großen, aus mehreren parallelen Strömen zusammengesetzten, geradlinigen Leiter zu tun. Es ist nun aber leicht ersichtlich, daß ein Strom von gewisser Stärke, der durch n beieinander liegende Drähte in gleicher Richtung geschickt wird, äquivalent einem $n$mal so starken Strome ist, der durch eine einfache Leitung fließt; das erste Kirchhoffsche Gesetz der Stromverzweigung — der ungeteilte Strom ist gleich der Summe der Zweigströme — sagt im Grunde dasselbe aus. Was ferner die Endlichkeit des Leiterstücks anlangt, so ist der bei unserm Versuch gemachte Fehler etwa derselbe, als wenn man die Seite eines regelmäßigen Achtecks für den zugehörigen Bogen seines umschriebenen Kreises setzte; der Fehler würde nur etwa 2 % des richtigen Wertes betragen, ein Betrag, der jedenfalls im allgemeinen kleiner als die experimentelle Fehlergrenze bei diesen Versuchen ist.

b) Die Abhängigkeit der Kraftwirkung zwischen Stromelement und Pol von der gegenseitigen Entfernung untersucht man experimentell durch folgenden

Versuch: Man stellt das stromdurchflossene Drahtrechteck senkrecht zur Verbindungslinie Pol-Kreismittelpunkt auf und mißt die Kraft, mit der der Pol durch die Einwirkung des Stomes aufwärts getrieben wird; diesen Versuch wiederholt man für verschiedene Entfernungen.

In beistehender Tabelle ist eine solche Versuchsreihe zusammengestellt worden; die Abstände zwischen Stromelement und Pol sind in Zentimetern in der ersten Spalte, die Kraft in Dyn in der zweiten Spalte angegeben.

r	K
10	12,7
15	5,9
20	3,3
25	2,0
30	1,0

Es geht aus diesen Versuchen das Gesetz hervor: *Die Wirkung zwischen einem Pol und einem kleinen geradlinigen Leiterelement nimmt mit dem Quadrate ihrer Entfernungen ab.*

Dieses Gesetz ist analog dem Coulombschen Gesetze für die Wirkung eines Magnetpoles auf einen andern.

Bemerkung: Legt man den zu 10 cm gefundenen Wert 12,7 Dyn zugrunde, der als Mittel aus vier Einzelbeobachtungen gebildet ist, und berechnet nach dem quadratischen Gesetze die zu den übrigen Entfernungen gehörigen Werte, so erhält man 12,7; 5,6; 3,2; 2,0; 1,4. Der zu 30 cm gehörige beobachtete Wert ist gegen den berechneten um einen Fehler von 0,4 Dyn zu klein; es ist wahrscheinlich, daß dieser Fehler von der Einwirkung der oberen Rechteckseite herrührt, die bei dieser großen Entfernung gegenüber der Wirkung der unteren Seite nicht mehr vernachlässigt werden darf.

c) Die Abhängigkeit der Kraft von der Polstärke wird untersucht, indem man die Wirkung des Stromelements auf die Pole zweier verschieden starken Magnetwagen unter sonst gleichen Verhältnissen einwirken läßt. Die Kraft eines Stromes auf einen Magnetpol von der Stärke 29 wurde zu 12,5 Dyn, diejenige auf einen Pol von der Stärke 16 zu 7,4 Dyn gefunden. Hieraus ergibt sich angenähert, daß $K_1 : K_2 = m_1 : m_2$ ist.

Die Wirkung eines Stromelementes auf einen Pol ist demnach proportional der Polstärke.

d) Die Abhängigkeit der Kraft von der Stärke des Stromes läßt sich quantitativ erst dann bestimmen, wenn man eine Einheit oder ein Maß für Stromstärken gewonnen hat. Dabei ist man auf die Wirkungen des elektrischen Stromes angewiesen; diese sind entweder magnetische oder chemische oder physiologische oder Wärme- und Lichtwirkungen. Da es sich für uns um magnetische Wirkungen handelt, so setzen wir fest: *Die Stärke 1 hat derjenige Strom, welcher, ein Bogenelement von der Länge 1 cm durchfließend, auf einen Magnetpol von der Stärke 1 im Abstande 1 cm die Kraft 1 Dyn ausübt.*

Ein Strom hat die Stärke i bedeutet, daß er eine i mal so starke Wirkung auf einen Pol wie ein Einheitsstrom unter sonst gleichen Bedingungen ausübt.

Die Resultate der vorhergehenden Untersuchungen lassen sich zusammenfassen zu folgendem nach Biot und Savart benannten Gesetze: Die Kraft, mit der ein sehr kleines geradliniges Stromelement auf einen Pol wirkt, ist proportional der Polstärke, der Stromstärke und der Projektion des Leiterelements auf die zur Verbindungslinie von Pol und Element senkrechte Gerade, umgekehrt proportional dem Quadrat der Entfernung.

$$K = \frac{m \cdot i \cdot l \sin \varphi}{r^2}$$

Wirkung geschlossener Ströme auf einen Magnetpol.

1. Kreisförmiger Leiter. Es ist bereits oben erwähnt worden, daß man die Wirkung eines geschlossenen Stromleiters auf einen Magnetpol dadurch finden kann, daß man den Leiter in sehr viele geradlinige Elemente zerlegt denkt, die Wirkungen der einzelnen Elemente auf den Pol nach dem Biot-Savartschen Gesetze berechnet und die Einzelwirkungen summiert.

a) Kreisförmiger Leiter, in dessen Mittelpunkt sich der Pol befindet. Es ist der Abstand aller Stromelemente vom Mittelpunkt gleich dem Kreisradius und alle Winkel φ gleich 90^0. Da nach dem Biot-Savartschen Gesetze die Kraft eines Stromelements in bezug auf den Pol m

$$k = \frac{\lambda\, i\, m \sin 90^0}{r^2} = \frac{\lambda\, i\, m}{r^2}$$

ist, so ergibt sich als Gesamtwirkung K des Kreisstromes

$$K = \Sigma k = \Sigma \frac{\lambda\, i\, m}{r^2} = \frac{i\, m}{r^2} \Sigma \lambda = \frac{i\, m}{r^2} \cdot 2\pi r = \frac{2\pi i\, m}{r}.$$

Für einen Strom, der aus n Kreiswindungen besteht, ist

$$K = \frac{2\pi n\, i\, m}{r}.$$

Die magnetische Feldstärke dieses Kreisstromes im Mittelpunkt, d. h. die auf einen Einheitspol wirkende Kraft, ist

$$F = \frac{2 n \pi i}{r}.$$

Aus dieser Berechnung geht hervor, daß die Wirkung eines Kreisstromes auf einen Pol im Mittelpunkt mit der ersten Potenz des Radius abnimmt. Es läßt sich dies leicht durch einen Versuch bestätigen.

Versuch: Man stellt den Pol einer kleinen Magnetwage in den Mittelpunkt des horizontal aufgestellten Kreisstromes (Beschreibung siehe Seite 31) und bestimmt die Ruhelage an einer Millimeterskala (s. Fig. 34). Darauf schickt man einen Strom durch den inneren Leiter und bestimmt das Gewicht, welches durch Auflegen auf den Wagearm die Wage wieder in die Ruhelage zurückbringt. Dasselbe führt man für den äußeren Kreisstrom aus.

Beispiel:

$r_1 = 45$ cm, $K_1 = 5{,}4$ Dyn; $r_2 = 90$ cm, $K_2 = 2{,}8$ Dyn.

Aus diesen Werten ergibt sich angenähert im Einklang mit der Rechnung die Proportion
$$K_1 : K_2 = r_2 : r_1.$$

b) Wenn der Pol außerhalb der Ebene des Kreisstromes in der zu dieser Ebene im Mittelpunkt errichteten Senkrechten liegt, so läßt sich ähnlich wie

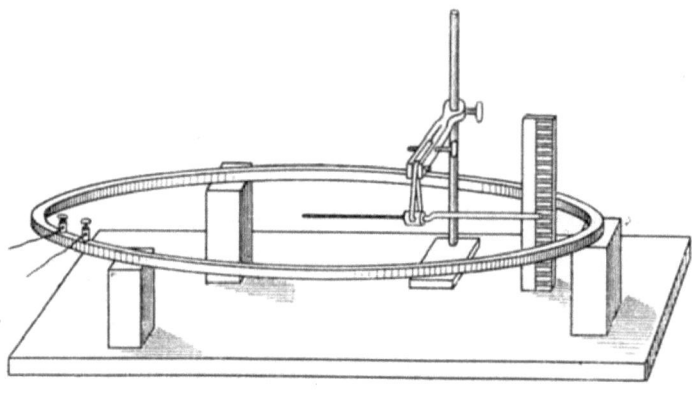

Fig. 34.

im vorigen Fall die Kraft berechnen (Fig. 35). Bedeutet r wieder den Kreisradius und a den Abstand des Pols vom Mittelpunkt, so sind die Entfernungen der Linienelemente λ des Kreises von m gleich $\sqrt{a^2 + r^2}$. Da auch jetzt die Winkel φ gleich 90° sind, so hat man als Wirkung eines einzelnen Stromelements

$$K = \frac{\lambda\, i\, m}{a^2 + r^2}.$$

Zerlegt man K in zwei Komponenten, die eine parallel der Kreisebene, die andere in der Richtung von a, so verhält sich die letztere zu K wie r zu $\sqrt{a^2 + r^2}$; demnach ist sie gleich

$$\frac{\lambda\, i\, m\, r}{(a^2 + r^2)^{3/2}}.$$

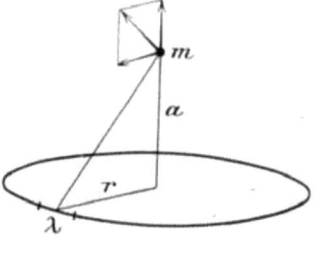

Fig. 35.

Summiert man alle diese Einzelkräfte, welche den Pol in der Richtung der Achse zu bewegen suchen, so erhält man

$$K = \frac{2\pi r^2 i\, m}{(a^2 + r^2)^{3/2}}.$$

Die senkrecht zur Achse liegenden Komponenten heben sich gegenseitig auf.

Hieraus geht hervor, daß die Wirkung eines Kreisstromes auf einen Pol in der Achse des Kreises umgekehrt proportional der dritten Potenz der Entfernung des Pols von der Peripherie des Kreises ist; ein ähnliches Gesetz gilt für die Wirkung eines kurzen Magnetstabes auf einen Pol, der in seiner magnetischen Achse liegt (vgl. S. 18 u. 25).

Dieses Gesetz läßt sich mittels der magnetischen Wage leicht bestätigen.

Versuch: Man bringt den auf Seite 34 beschriebenen kleinen Kreisleiter einige Zentimeter unterhalb der magnetischen Wage an, so daß seine Ebene horizontal und sein Mittelpunkt senkrecht unter dem Pol liegt; darauf schickt man einen Strom hindurch, der den Pol nach oben treibt und kompensiert den Ausschlag durch aufgelegte Reitergewichte. Den Versuch wiederholt man mit demselben Strom für andere Entfernungen.

Beispiel:

$a_1 = 5$ cm, $\quad r = 3{,}5$ cm, $\quad K_1 = 22{,}2$ Dyn;
$a_2 = 10$ cm, $\quad r = 3{,}5$ cm, $\quad K_2 = 4{,}2$ Dyn.

Es verhalten sich die Kuben der Entfernungen des Pols von der Peripherie des Kreisleiters etwa wie 1:5; das umgekehrte Verhältnis 5:1 etwa zeigen die Kräfte K_1 und K_2.

c) Die Feldstärke eines Kreisstromes in einem beliebigen Punkte A seiner Ebene kann man angenähert mit Hilfe des Biot-Savartschen Gesetzes in folgender Weise bestimmen (Fig. 36). Man zieht von dem betreffenden

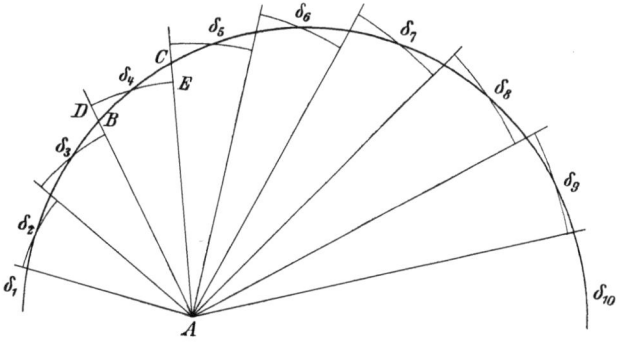

Fig. 36.

Punkte aus eine genügende Reihe von Strahlen, die den Umfang in Bogenelemente zerlegen. Diese kann man bei hinreichender Anzahl als geradlinig ansehen. Die Wirkung eines einzelnen Elementes BC läßt sich nahezu ersetzen durch diejenige eines Kreisbogens DE zwischen seinen begrenzenden Strahlen, der um den Punkt A mit einem von A bis etwa zur Mitte des Elements BC reichenden Radius beschrieben ist. Bezeichnet man die Länge dieses Kreisbogens mit δ, seinen Radius mit r und die Stromstärke mit i, so ist die von diesem Stromelement herrührende Feldstärke

$$f = i \cdot \frac{\delta}{r^2}.$$

Daher ist die Gesamtstärke in A

$$F = \Sigma\, i \cdot \frac{\delta}{r^2} = i \cdot \Sigma \frac{\delta}{r^2}.$$

Bei der zahlenmäßigen Berechnung dieser Größe ziehe man durch A einen Durchmesser und teile den einen Halbkreis durch Strahlen in etwa

10 Teile, halbiere jedes Bogenelement und ziehe um A durch die Halbierungspunkte Kreisbögen, deren Längen $\delta_1, \delta_2 \ldots \delta_{10}$ und deren Radien $r_1, r_2 \ldots r_{10}$ man mit einem Millimeterlineal mißt. Man rechnet nun zahlenmäßig $\frac{\delta_1}{r_1^2}$, $\frac{\delta_2}{r_2^2} \ldots \frac{\delta_{10}}{r_{10}^2}$ aus und addiert die erhaltenen Werte. Durch Multiplikation der Summe mit $2i$ erhält man dann die Feldstärke des Kreisstromes in A. Beispiel: Der Radius des Kreises sei 10 cm; der Abstand des Poles vom Mittelpunkte betrage 4 cm. Die Messungsresultate sind in folgender Tabelle zusammengestellt. In der ersten Spalte stehen die Werte für δ in cm, in der zweiten die zugehörigen Werte für r in cm, in der dritten die hieraus berechneten Größen für $\frac{\delta}{r_2}$.

δ	r	$\frac{\delta}{r_2}$
1,45	6	0,0403
2,6	6,2	0,0718
2,9	6,9	0,0609
3,4	8	0,0531
2,9	9,3	0,0335
3,1	10,6	0,0276
3,4	11,9	0,0240
3,8	13	0,0225
3,6	13,7	0,0192
3,3	14	0,0168

$$\frac{1}{2} \Sigma \frac{\delta}{r^2} = 0,3697$$

$$\Sigma \frac{\delta}{r^2} = 0,7394$$

$$F = 0,7394 \cdot i$$

In dieser Weise habe ich die Feldstärken für mehrere Punkte im Innern der Kreisfläche mit dem Radius 10 cm berechnet. Aus Symmetriegründen ist ersichtlich, daß alle Punkte eines zu dem Kreisstrom konzentrischen Kreises dieselbe Feldstärke haben. In nebenstehender Figur (Maßstab 1:6) haben die einzelnen Kreise einen Abstand von je 2 cm. Im Mittelpunkt ist die Feldstärke ein Minimum, in einem Punkte des äußersten Kreises, d. h. des Stromes selbst, ist sie unendlich groß.

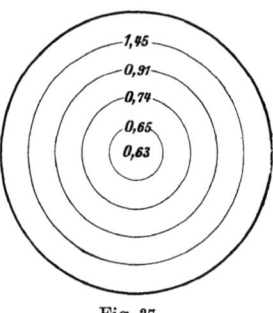

Fig. 37.

Hat ein Kreisstrom den Radius r cm, so erhält man die Feldstärken in den entsprechenden konzentrischen Kreisen durch Multiplikation der in Fig. 37 dargestellten Werte mit $\frac{10}{r}$ (vgl. S. 40).

2. Geradliniger Leiter. Um die Wirkung eines geradlinigen Leiters AB (s. Fig. 38) auf einen Pol P zu bestimmen, fälle man von P auf AB das Lot PC und teile CB in eine Anzahl kleiner Abschnitte CD, DE usw. Durch die Halbierungspunkte dieser Elemente beschreibe man um P Kreisbögen, deren Abschnitte zwischen den Verbindungsgeraden PC, PD, PE usw. gleich $\delta_1, \delta_2\ldots$ sein mögen. Die zugehörigen Radien seien $r_1, r_2\ldots$ Wenn die Abschnitte $CD, DE, \ldots$ genügend klein gewählt sind, so läßt sich ihre Wirkung nach dem Biot-Savartschen Gesetze ersetzen durch diejenige der Bogenabschnitte $\delta_1, \delta_2 \ldots$ Die Elementarkräfte sind demnach

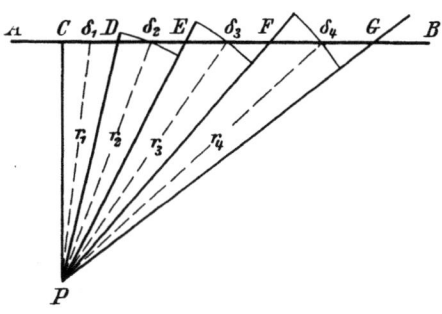

$$K_1 = \frac{i\,m\,\delta_1}{r_1^2}; \quad K_2 = \frac{i\,m\,\delta_2}{r_2^2} \text{ usw.,}$$

wenn m wie früher die Polstärke und i die Stromstärke bedeutet. Die Gesamtkraft ist daher

Fig. 38.

$$K = i\,m\left(\frac{\delta_1}{r_1^2} + \frac{\delta_2}{r_2^2} + \ldots\right) = i\,m\,\Sigma\frac{\delta}{r^2}.$$

Ist der geradlinige Leiter unendlich lang, so ist man genötigt, bei der numerischen Ausrechnung von K auf jeder Seite des Leiters ein unendlich langes Stück der Geraden fortzulassen. Es ist nun zu untersuchen, welche Größe etwa hierbei vernachlässigt wird. In beistehender Fig. 39 sei B irgendein Punkt des geradlinigen Leiters, C ein sehr weit entfernter Punkt desselben. Man ziehe durch P die Parallele zu BC und beschreibe um P mit PB den Kreisbogen, der die Parallele in F trifft. Es ist nun unschwer zu beweisen,

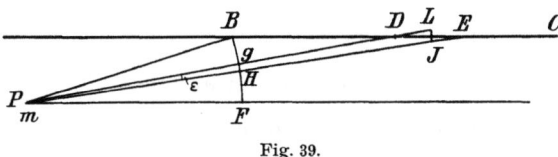

Fig. 39.

daß die Wirkung des unendlich langen Geradenstücks BC kleiner als diejenige des Bogens BF auf den Pol ist. Zu dem Zwecke nehme man irgendwo auf BC ein sehr kleines Linienelement DE an und verbinde die Endpunkte mit P. Die Verbindungslinien schneiden auf dem Bogen BF ein kleines Element GH heraus. Der Winkel DPE werde der Kürze halber mit ε bezeichnet. Nach dem Biot-Savartschen Gesetze ist die Wirkung des Elements DE ersetzbar durch diejenige der Projektion LJ von DE auf die durch den Mittelpunkt von DE gezogene Senkrechte. Nun ist die Wirkung von DE

$$K_1 = \frac{i\,.\,m\,.\,LJ}{PL^2};$$

da aber
$$\varepsilon = \frac{LJ}{PL}$$
ist, so ist
$$K_1 = \frac{i\,m\,\varepsilon}{PL}.$$

Ferner ist die Wirkung des Bogenelements GH auf den Pol
$$K_2 = \frac{i\,.\,m\,.\,\varepsilon}{PG}.$$

Da aber $PL > PG$, so ist $K_1 < K_2$. Was von DE und GH bewiesen ist, läßt sich ebenso für alle zugehörigen Elemente des Leiters BC und des Bogens BF beweisen. Daraus folgt, daß die Summe der Wirkungen der Geradenelemente auch kleiner ist, als die Summe der Wirkungen der Bogenelemente auf den Pol P, denn: Wenn in zwei unendlichen einander zugeordneten Reihen mit positiven Gliedern jedes Glied der einen kleiner ist als das entsprechende Glied der andern, so ist der Gesamtwert der ersten Reihe kleiner als derjenige der zweiten.

Vernachlässigt man demnach bei der numerischen Berechnung die Wirkung des unendlichen Stückes BC der Geraden, so ist dieser Fehler jedenfalls kleiner als
$$\frac{i\,.\,m\,.\,BF}{BP^2}.$$

Bei der numerischen Berechnung der Wirkung eines geraden Leiters auf einen Pol führt man die Zeichnung auf Kurvenpapier aus. Es bedarf keiner sehr großen Zahl von Teilen, um schon eine recht erhebliche Genauigkeit zu erzielen. Mit einem Millimeterlinial mißt man die Längen von δ und die zugehörigen r, rechnet für jeden Teil $\frac{\delta}{r^2}$ aus und summiert zuletzt. Für einen unendlich langen Leiter, dessen Abstand vom Pol gleich 5 cm angenommen wurde, hatte ich das eine Mal 18 Teile, das andere Mal 6 Teile auf der einen Seite des Lotfußpunkts gewählt und für $\Sigma \frac{\delta}{r^2}$ die Zahl 0,2011 bzw. 0,196 gefunden. Der genaue mittels Integralrechnung gefundene Wert ist 0,2*).

---

*) Die Integration läßt sich in folgender Weise ausführen. In nebenstehender Figur ist die Wirkung des Elementes BC auf den Pol P
$$dK = \frac{r\,d\varphi\,.\,i\,m}{r^2} = \frac{d\varphi\,.\,i\,m}{r} = \frac{\cos\varphi\,.\,d\varphi\,.\,i\,m}{a},$$
Folglich ist die Wirkung des unendlich langen Leiters
$$K = \int_{-\frac{\pi}{2}}^{+\frac{\pi}{2}} \frac{i\,m}{a}\,.\,\cos\varphi\,d\varphi = \frac{i\,.\,m}{a}\int_{-\frac{\pi}{2}}^{+\frac{\pi}{2}} d\sin\varphi$$
$$= \frac{i\,.\,m}{a}\left[+1-(-1)\right] = \frac{2\,i\,m}{a}.$$

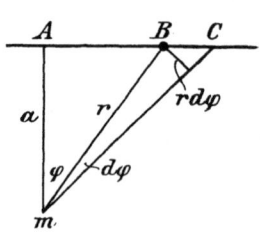

Fig. 40.

Es möge nun die Feldstärke eines unendlich langen geraden Leiters untersucht werden. Aus Symmetriegründen ergibt sich, daß alle Punkte, welche sich in demselben Abstand vom Leiter befinden, die gleiche Feldstärke haben. Der geometrische Ort für alle Punkte gleicher Feldstärke ist demnach ein Zylinder, dessen Achse der Leiter ist.

Bezüglich des Zusammenhanges zwischen den Feldstärken und den Entfernungen der Punkte vom Leiter gilt der Satz: Die Feldstärke eines geradlinigen unendlich langen Leiters nimmt mit der ersten Potenz der Entfernung vom Leiter ab. Beweis: Man denke sich im Punkte P (Fig. 41) einen Pol von der Stärke 1; der Leiter möge nacheinander die Lagen $A_1 B_1$ und $A_2 B_2$ einnehmen; seine Abstände von P seien a_1 und a_2. Man ziehe nun von P aus 2 sehr nahe Strahlen $PC_1 C_2$ und $PD_1 D_2$. Dann sind die Kraftwirkungen der Elemente $C_1 D_1$ bzw. $C_2 D_2$ auf P

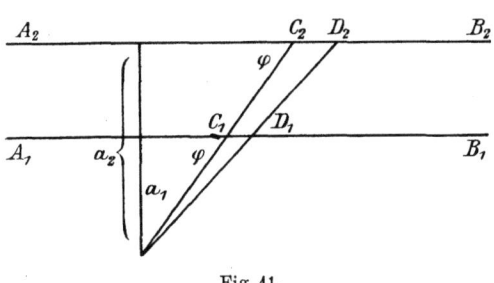

Fig. 41.

$$K_1 = \frac{i \cdot 1 \cdot C_1 D_1 \cdot \sin \varphi}{C_1 P^2}$$

und

$$K_2 = \frac{i \cdot 1 \cdot C_2 D_2 \cdot \sin \varphi}{C_2 P^2}.$$

Folglich

$$\frac{K_1}{K_2} = \frac{C_1 D_1 \cdot C_2 P^2}{C_2 D_2 \cdot C_1 P^2}.$$

Nun ist aber

$$\frac{C_1 D_1}{C_2 D_2} = \frac{C_1 P}{C_2 P} = \frac{a_1}{a_2}.$$

demnach

$$\frac{K_1}{K_2} = \frac{a_1}{a_2} \cdot \frac{a_2^2}{a_1^2} = \frac{a_2}{a_1}$$

oder

$$\frac{K_1}{a_2} = \frac{K_2}{a_1}.$$

Da man für alle entsprechenden Elemente der Geraden $A_1 B_1$ und $A_2 B_2$ ähnliche Gleichungen mit denselben Nennern herleiten kann, so ergibt sich durch ihre Summation

$$\frac{\Sigma K_1}{a_2} = \frac{\Sigma K_2}{a_1} \quad \text{oder} \quad \frac{\Sigma K_1}{\Sigma K_2} = \frac{a_2}{a_1}.$$

Dieses Resultat läßt sich experimentell mit der Magnetwage bestätigen. Man spanne einen etwa 2 m langen Draht zwischen zwei Holtzschen Klemmen horizontal aus und stelle in derselben Höhe die Magnetwage auf, so daß ihr Wagebalken parallel dem Draht verläuft (Fig. 42). Die Zuleitungsdrähte führt man in weitem Abstande von der Stromquelle zu den Klemmen. Man bestimmt nun die Ruhelage der Wage an einer senkrecht aufgestellten Skala, schickt einen Strom (etwa 5—10 Ampere) durch den Draht, der den Arm der Wage nach oben bewegt, und bringt durch Verschieben eines Reitergewichts die Wage wieder in die Nullage zurück. Man verändert nun den Abstand der Magnetwage vom Leiter und wiederholt denselben Versuch für

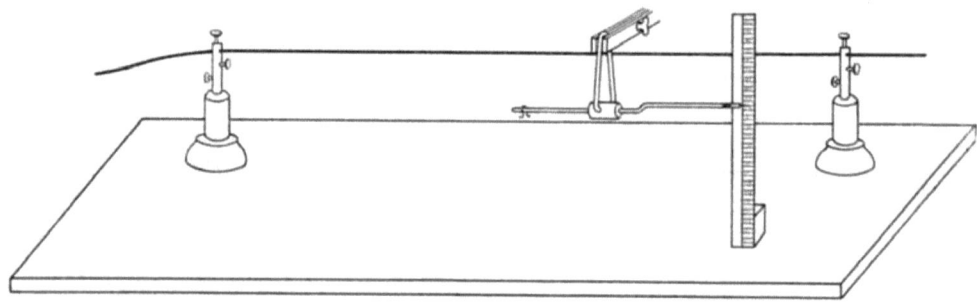

Fig. 42.

mehrere Entfernungen. Solche Versuche sind in folgender Tabelle zusammengestellt. In der ersten Reihe stehen die Abstände r in cm, in der zweiten die reziproken Werte von r und in der dritten die in Dyn gemessenen Kräfte.

r	1,5	2	3	4	6	8	10	14	18
$\dfrac{1}{r}$	0,67	0,5	0,33	0,25	0,17	0,12	0,10	0,07	0,06
K	18	14,3	10	7,3	5,0	3,8	3,3	2,5	1,6

In Fig. 43 sind diese Werte graphisch dargestellt, und zwar sind die Werte für $\dfrac{1}{r}$ als Abszissen, diejenigen für K als Ordinaten gewählt. Aus dem Verlaufe der Verbindungslinie der Ordinatenendpunkte erkennt man die lineare Abhängigkeit der Größen K und $\dfrac{1}{r}$.

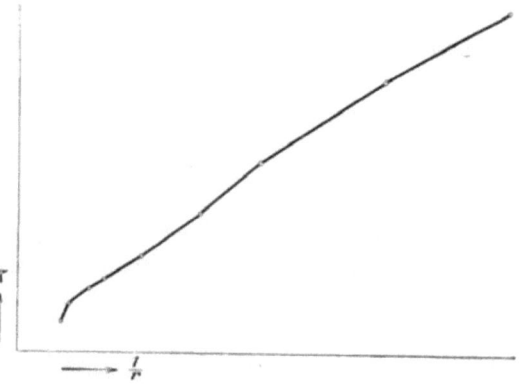

Fig. 43.

Bemerkung: Diese Versuchsanordnung stellt den seltenen Fall dar, daß die Kraftwirkung auf einen Magnet für alle Entfernungen ohne Einschränkung genau proportional einer Potenz dieser Entfernung ist, während in andern Fällen, z. B. bei den Versuchen mit der magnetischen Wage (S. 15) nur innerhalb gewisser Grenzen Gültigkeit herrscht. Man denke sich nämlich, daß m_1, m_2, m_3 ... die freien Magnetismusmengen in einzelnen Punkten des Magnetstabes seien; dann sind die Wirkungen des Stromes i auf die einzelnen Mengen gleich

$$\frac{i\,m_1}{r}, \qquad \frac{i\,m_2}{r}, \qquad \frac{i\,m_3}{r} \ldots;$$

demnach ist die Gesamtwirkung

$$K = \frac{i}{r}(m_1 + m_2 + \ldots) = \frac{i}{r} \Sigma m.$$

Für einen Abstand r_1 würde man ebenso bekommen

$$K_1 = \frac{i}{r_1} \cdot \Sigma m.$$

Durch Division der Gleichungen erhält man

$$\frac{K}{K_1} = \frac{r_1}{r}.$$

Die Sätze über die Abnahme der Wirkung eines Kreisstromes und eines geradlinigen Stromes (S. 40 und 46) sind spezielle Fälle des folgenden allgemeinen Satzes: Die Wirkung zweier ähnlichen, ähnlich liegenden Stromleiter auf einen im Ähnlichkeitspunkt liegenden Pol ist umgekehrt proportional den Abschnitten eines Ähnlichkeitsstrahls.

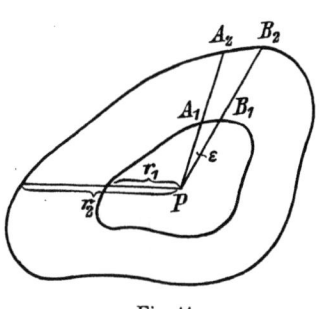

Fig. 44.

Beweis: Es seien PA_1A_2 und PB_1B_2 (Fig. 44) zwei unendlich nahe Ähnlichkeitsstrahlen, ε der von ihnen gebildete unendlich kleine Winkel und K_1 und K_2 die von den Stromelementen A_1B_1 und A_2B_2 auf den Pol P, der m Poleinheiten Stärke haben möge, ausgeübten Kräfte. Dann ist

$$K_1 = \frac{i \cdot m \cdot A_1 B_1 \cdot \sin \angle P B_1 A_1}{B_1 P^2}$$

$$K_2 = \frac{i \cdot m \cdot A_2 B_2 \cdot \sin \angle P B_2 A_2}{B_2 P^2}.$$

Da nun die Stromleiter ähnliche Lage haben, so ist $\angle PB_1A_1 = \angle PB_2A_2$ und $A_1B_1 : A_2B_2 = B_1P : B_2P$. Durch Division der beiden Gleichungen ergibt sich nun

$$\frac{K_1}{K_2} = \frac{B_2 P}{B_1 P} = \frac{r_2}{r_1} \qquad \text{oder} \qquad \frac{K_1}{r_2} = \frac{K_2}{r_1}.$$

Da für alle zugehörigen Kurvenelemente die Nenner denselben Wert r_1 und r_2 haben, so folgt

$$\frac{\Sigma K_1}{r_2} = \frac{\Sigma K_2}{r_1} \qquad \text{oder} \qquad \frac{\Sigma K_1}{\Sigma K_2} = \frac{r_2}{r_1}.$$

Messung von Stromstärken. Mit Hilfe des Biot-Savartschen Gesetzes lassen sich Stromstärken nach ihrer Wirkung auf einen Magnetpol durch die im vorigen Abschnitt beschriebenen Versuchsanordnungen bestimmen. Es soll im folgenden m die Polstärke der magnetischen Wage und i die Stromstärke bedeuten.

a) Bei dem Drahtrechteck, das zur experimentellen Herleitung des Biot-Savartschen Gesetzes dient, möge e die Länge der kurzen Seite, n die Anzahl der Drahtwindungen und r den Abstand zwischen ihnen und dem Pol bedeuten. Für $\varphi = 90°$ ist dann

$$K = \frac{n\,l\,i\,.\,m}{r^2},$$

woraus

$$i = \frac{K r^2}{n\,l\,m}$$

folgt. Hierin mißt man die Kraft K in Dyn durch Verschieben des Reitergewichts auf dem Arm der Magnetwage und die Polstärke m nach einer der im ersten Abschnitt angegebenen Methoden.

b) Bei dem großen kreisförmigen Leiter möge n die Anzahl der Windungen, r der Radius sein. Der freie Pol der Magnetwage wird in den Mittelpunkt gebracht. Aus der Gleichung

$$K = \frac{2\,n\,\pi\,i\,m}{r}$$

folgt

$$i = \frac{K\,.\,r}{2\,n\,\pi\,m}.$$

c) Eine ähnliche Versuchsanordnung, bei der jedoch der Pol fest und der Leiter beweglich ist, läßt sich mit dem in Fig. 29 (S. 32) abgebildeten Apparat herstellen. Man befestige an einem eisenfreien Stativ einen langen Magnetstab in senkrechter Lage derart, daß ein Pol im Mittelpunkt des Drahtkreises liegt und schicke einen Strom durch den Drahtkreis, so daß dieser nach unten bewegt wird. Den Ausschlag bringe man wieder durch ein auf den geraden Arm gelegtes Reitergewicht zurück. Es ist dann

$$i = \frac{K\,.\,r}{2\,\pi\,m}.$$

In dieser Formel ist die Wirkung des abgewandten Poles vernachlässigt. Man berechnet sie nach der Formel

$$K' = \frac{2\,\pi\,r^2\,i\,m}{(a^2 + r^2)^{3/2}},$$

in der a den senkrechten Abstand des Pols von der Kreisebene bedeutet. Da K' entgegengesetzte Wirkung hervorruft wie K, so ist die Gesamtwirkung beider Pole

$$G = K - K' = \frac{2\,\pi\,i\,m}{r} - \frac{2\,\pi\,r^2\,i\,m}{(a^2 + r^2)^{3/2}}.$$

Hieraus ergibt sich

$$i = \frac{G}{2\pi r^2 m \left(\dfrac{1}{r^3} - \dfrac{1}{(a^2 + r^2)^{3/2}}\right)}.$$

Die Einwirkung des erdmagnetischen Feldes auf den Kreisstrom (vgl. S. 52) ist in dieser Formel nicht berücksichtigt.

Dieser Versuch zeigt die Gültigkeit des Gesetzes der Aktion und Reaktion für die gegenseitige Wirkung von Magnetpol und elektrischem Strom.

d) Man bringe den kleinen Kreisleiter unterhalb oder oberhalb des freien Pols der magnetischen Wage so an, daß sein Mittelpunkt senkrecht über oder unter dem Pol liegt, und die Kreisebene horizontale Lage hat. Ist r der Kreisradius, a der Abstand seiner Ebene vom Pol und n die Windungszahl, so ist

$$K = \frac{2\pi n r^2 i m}{(a^2 + r^2)^{3/2}}.$$

woraus

$$i = \frac{K(a^2 + r^2)^{3/2}}{2\pi n r^2 m}$$

folgt. Ist der Abstand a groß gegenüber r, so ist angenähert

$$K = \frac{2\pi n r^2 i m}{a^3}$$

woraus

$$i = \frac{K \cdot a^3}{2\pi n r^2 m}$$

folgt.

e) Verhältnismäßig genauer als diese Messungen ist die Bestimmung der Stromstärke mit dem geraden Stromleiter durch die auf S. 47 beschriebene Versuchsanordnung, weil die Formel

$$K = \frac{2 i m}{a}$$

für kleine und große Abstände a ohne irgendwelche Vernachlässigungen Gültigkeit hat. Aus der Gleichung ergibt sich

$$i = \frac{a \cdot K}{2 m}.$$

3. Wirkungen des erdmagnetischen Feldes auf elektrische Ströme. a) Zweite Form des Biot-Savartschen Gesetzes. Bei der Frage der Wirkung des erdmagnetischen Feldes auf einen Strom oder ein Stromelement kann die gewöhnliche Form des Biot-Savartschen Gesetzes

$$K = \frac{i \lambda m \sin \varphi}{r^2}$$

nicht zum Ziele führen, weil weder die Polstärke m der Erde noch der Polabstand r bekannt ist. Es ist daher erforderlich, für diesen Fall dem

Gesetze eine andere Form zu geben. Ist in Figur 33 (S. 37) λ ein sehr kleines, vom Strome i durchflossenes gerades Leiterstück, m ein Magnetpol, r ihr Abstand und φ der Winkel zwischen r und λ, so ist

$$K = \frac{i \lambda m \sin \varphi}{r^2}.$$

Mit dieser Kraft wirkt das Leiterstück auf den Pol; ist dieser ein Nordpol, so ist die Richtung dieser Kraft senkrecht zu der durch r und λ bestimmten Ebene, und zwar von dem Beschauer weggerichtet. Nach dem Gesetze der Aktion und Reaktion, welches, wie auf S. 50 gezeigt ist, für die Wirkungen von Pol und Strom gilt, wird dieselbe Kraft von m auf das Leiterstück ausgeübt; sie hat jedoch entgegengesetzte Richtung, ist also dem Beschauer zugewendet. Nun herrscht an der Stelle λ eine von m herrührende Feldstärke $F = \frac{m}{r^2}$, deren Richtung in der Verlängerung von r liegt. Setzt man diesen Wert ein, so lautet das Biot-Savartsche Gesetz $K = i F \lambda \sin \varphi$. Hierin ist φ der vom Leiterelement und der Kraftlinienrichtung eingeschlossene Winkel. Die Richtung, in welcher der Leiter im magnetischen Felde bewegt wird, findet man nach folgender Regel: Man denke sich mit dem Strome schwimmend, den Kopf so gerichtet, daß die magnetischen Kraftlinien ins Gesicht eintreten; dann wird der Leiter nach derjenigen Seite abgelenkt, nach welcher der rechte Arm zeigt.

Die Formel ermöglicht es, die Kraftwirkung eines Magnetfeldes auf einen Leiter zu ermitteln, wenn in allen Punkten des Leiters die Feldstärke bekannt ist. Besonders einfach gestaltet sich die Rechnung für einen Leiter im erdmagnetischen Felde, weil F dann konstant ist. Im folgenden soll diese Rechnung für einen rechteckigen, einen kreisförmigen Leiter, ein Solenoid und endlich für einen beliebig gestalteten ebenen Leiter ausgeführt werden.

b) Rechteckiger Leiter im erdmagnetischen Felde. In Fig. 30 (S. 33) stellt $abcd$ einen rechteckigen Leiter dar. Der Strom wird ihm durch die Säulen A und B zugeführt, auf deren abgeschrägten Deckflächen er mittels zweier Spitzen gelagert ist; die Empfindlichkeit dieser Wage ist so groß wie möglich zu machen. Der Strom fließt von der Säule A über die Berührungsstelle auf die Nadelspitze, von hier über $eadfcbe$ zurück zur zweiten Nadel und über die Kontaktstelle in die Säule B. Da die beiden Drähte von den Nadeln zur Stelle e den Strom in entgegengesetzter Richtung leiten und unmittelbar nebeneinander liegen, so ist ersichtlich, daß die Wirkungen des erdmagnetischen Feldes auf sie sich gegenseitig aufheben. Die Ebene des Rechtecks möge horizontal sein; die Seiten bc und ad stehen in der Richtung des magnetischen Meridians. Man bestimme nun die Größe und Richtung der auf die vier Rechteckseiten im Erdfelde ausgeübten Kraft. Man denke sich die Kraftlinien des Erdfeldes, deren Richtungen von oben schräg nach unten unter einem Winkel von 66,7° (in Berlin) gegen den Horizont verlaufen, ersetzt durch je eine Schar von Horizontal- und von Vertikalkraftlinien. Da nun die Richtung, in der ein Leiter in einem Magnetfelde bewegt wird, senkrecht zur Richtung der Kraftlinien steht, so vermag die Vertikalintensität keine Drehung des Rechtecks zu bewirken, denn die von der Vertikalintensität ausgeübten Kräfte liegen in der Ebene des Rechtecks.

Die Wirkung der Horizontalintensität auf die Seiten bc und ad ist ebenfalls gleich Null, weil der Winkel φ zwischen ihnen und den Horizontalkraftlinien gleich Null ist (vgl. die Formel $K = iF\lambda \sin \varphi$). Es bleibt also die Wirkung der Horizontalintensität auf die Seiten ab und cd übrig; ihre Längen mögen l cm sein; da für sie $\varphi = 90^0$ ist, so sind die Kräfte je gleich $K = iH.l$.

Das Leiterstück ab wird senkrecht nach oben, cd nach unten gedrückt; der Drehungssinn ist also bei beiden Seiten derselbe. Nennt man die Seite bc r, so ist das gesamte Drehungsmoment der Kräfte $M = iH.lr$.

Da aber lr die Fläche f des Rechtecks ist, so erhält man das einfache Resultat $M = iHf$. Nimmt man statt des einfachen Drahtes $abcd$ n Drahtwindungen, so ist $M = iHnf$.

Diese beiden Resultate lassen sich durch Versuche bestätigen. Man bestimmt die Ruhelage des stromlosen Drahtrechtecks an einer neben die Seite ab oder cd gestellten Millimeterskala, schickt einen Strom i, dessen Stärke ($10\,i$ Amp.) man an einem Amperemeter abliest, hindurch und verschiebt auf dem Arme BC oder AD ein kleines Reitergewicht so lange, bis die Ruhelage wieder hergestellt ist. Nun mißt man den Abstand r dieses Reiters von der Drehungsachse EF; das Produkt des Reitergewichts mit r ist gleich M. H wird aus einer Tabelle entnommen, die Zahl n der Drahtwindungen wird gezählt, f ausgemessen. Beispiel: Es wurde gemessen $f = 20 \times 20$ cm^2; $n = 10$; $i = 0{,}4$ Amp. $= 0{,}04$ Stromeinheiten. Der Ausschlag wurde gerade aufgehoben, wenn man auf die Seite ab ein Dynreitergewicht legte.

Bei vertikaler Stellung des Drahtrechtecks besteht die Gleichung $M = i\,.\,Vnf$, wenn V die Vertikalintensität bedeutet. — Die maximale Wirkung der Erde auf das Drahtrechteck wird ausgeübt, wenn seine Ebene parallel den erdmagnetischen Kraftlinien verläuft, d. h. einen Winkel von 66,7^0 mit dem Horizont bildet. Es ist dann $M = i\,.\,Fnf$, wenn F die Gesamtintensität der erdmagnetischen Kraft bedeutet. Die gefundenen Resultate lassen sich in folgendem Satz zusammenfassen: Das Drehungsmoment des erdmagnetischen Feldes auf ein stromdurchflossenes Rechteck, welches um eine zur Richtung der Kraftlinien senkrechte Achse drehbar ist, ist gleich dem Produkt aus der Stromstärke, der Rechteckfläche und der zur Rechteckfläche parallelen Komponente der erdmagnetischen Kraft.

c) **Kreisleiter und Solenoid im erdmagnetischen Felde.** Ein kreisförmiger Leiter sei drehbar um einen wagerechten Durchmesser, seine Ebene sei vertikal und bilde mit dem magnetischen Meridian einen rechten

Winkel. Die Horizontalintensität vermag auf den Leiter kein Drehungsmoment auszuüben, weil die von ihr herrührenden Kraftwirkungen in der Kreisfläche liegen. Die von der Vertikalintensität auf ein Bogenelement λ (s. Fig. 45) wirkende Kraft ist gleich dem Produkt aus der Stromstärke i, der Vertikalintensität V und der Projektion δ von λ auf die zur Richtung von V senkrechte Gerade; demnach ist das Drehmoment in bezug auf den wagerechten Durchmesser gleich dem Produkt aus δ und dem Abstande zwischen δ und der Drehungsachse; dieses Produkt ist geometrisch gleich dem Inhalt der kleinen Fläche $ABCD$. Fließt der Strom, wie in Fig. 45 durch den Pfeil angedeutet ist, im umgekehrten Sinne des Uhrzeigers, so bewegt dieses Drehmoment den Leiter AB aus der Ebene des Papiers auf den Beschauer zu (vgl. Richtungsregel, S. 51). Dasselbe gilt für alle Elemente des Halbkreises $CABD$. Demnach ist das Moment der Vertikalintensität auf diesen Halbkreis gleich dem Produkt aus i, V und dem Inhalt des Halbkreises. Der andere Halbkreis wird durch V aus der Papierebene von dem Beschauer weggedreht.

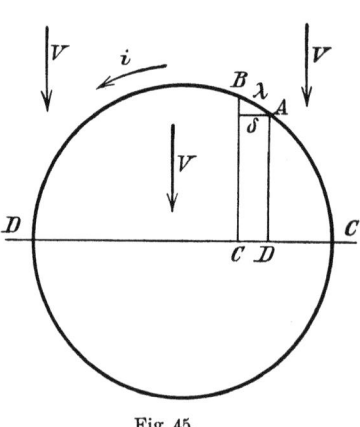

Fig. 45.

Da beide Momente denselben Drehungssinn haben, so ist das Gesamtmoment des Kreises
$$M = \pi r^2 \cdot i \cdot V.$$

Sind n Kreiswindungen vorhanden, so ist
$$M = n \cdot \pi r^2 \cdot i \cdot V.$$

Bilden diese n Kreiswindungen ein Solenoid, so liegt die horizontale Drehungsachse zwar nicht mehr in den Ebenen der einzelnen Windungen; da man jedoch die Kräftepaare, die auf die Windungen ausgeübt werden, in ihrer Ebene bis zu der durch die Drehungsachse gehenden Windungsebene verschieben kann, so gilt für das Gesamtmoment der Erdintensität auf ein Solenoid, dessen Längsachse und Drehungsachse horizontal liegen, dieselbe Gleichung
$$M = n \cdot \pi r^2 \cdot i \cdot V.$$

Entsprechende Gleichungen gelten für einen Kreisstrom und für ein Solenoid, welche um eine senkrechte Achse drehbar sind und deren Kreisebenen parallel dem magnetischen Meridian verlaufen. Es ist dann
$$M = n \cdot \pi r^2 \cdot i \cdot H.$$

Die Wirkung des erdmagnetischen Feldes auf ein stromdurchflossenes Solenoid zeigt man experimentell mit dem auf Seite 34 (Fig. 31) abgebildeten Apparat. Sobald der Strom mittels eines Morsetasters geschlossen wird, zeigt das Solenoid einen kräftigen Ausschlag, indem es sich in die Richtung der Inklinationsnadel zu stellen sucht.

d) **Beliebig geformter ebener Leiter im erdmagnetischen Felde.** Für einen rechteckigen und kreisförmigen Leiter in einem homogenen Magnetfelde ist das Drehungsmoment direkt proportional der umströmten Fläche (vgl. S. 52 u. 53); dieser Lehrsatz läßt sich nun für jeden beliebig geformten ebenen Leiter ähnlich wie in den angeführten speziellen Fällen beweisen. Die Feldstärke des homogenen Feldes sei gleich S; ihre Richtung ist in Fig. 46 durch Pfeile angegeben. Die Ebene des Leiters, der vom Strome i durchflossen wird, möge parallel den Richtungen der Kraftlinien sein; der Leiter sei drehbar um eine zu den Kraftlinien senkrechte, sonst aber beliebig in seiner Ebene gelegenen Achse XY. Wir betrachten zuerst die Wirkung K des homogenen Feldes auf ein kleines Leiterelement AB. Es ist nach dem Vorhergehenden $K = i \cdot S \cdot AB \cdot \sin \varphi$, wenn φ den Winkel zwischen AB und xy bildet. Das Moment dieser Kraft in bezug auf die Drehungsachse ist $m = K \cdot EF = i \cdot S \cdot AB \sin \varphi \cdot EF$. Nun ist aber $AB \cdot \sin \varphi \cdot EF$ gleich dem Inhalt des Trapezes $ABKH$. Demnach ist $m = i \cdot H \cdot ABKH$. Nach der auf Seite 51 gegebenen Richtungsregel wird AB senkrecht zur Papierebene vom Beschauer wegbewegt. Dem

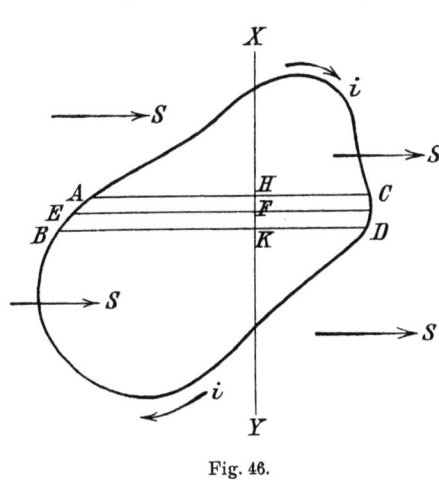

Fig. 46.

Element AB entspricht zwischen den Parallelen AH und BK auf der andern Seite des Leiters das Element CD. Das Moment ist in bezug auf CD gleich $i \cdot S \cdot CDKH$. Da beide Momente denselben Drehungssinn haben, so ist ihre gemeinsame Wirkung gleich $i \cdot S \cdot f$, wenn f das Flächenstück $ABDC$ bedeutet. Denkt man sich auf dieselbe Weise für alle entsprechenden Leiterelemente die Momente berechnet und diese summiert, so erhält man als Gesamtmoment des Leiters den einfachen Ausdruck $M = i \cdot H \cdot F$, wenn F die vom Leiter eingeschlossene Fläche bedeutet.

Dieser Ausdruck bleibt unverändert, wenn man die Drehungsachse parallel mit sich selbst verschiebt, auch dann noch, wenn sie außerhalb des Leiters liegt; in diesem Falle nämlich müssen die Momente der Leiterstücke AB und CD voneinander subtrahiert werden, es ist dann $ABKH - CDKH = f$.

Schlußwort.

Die in dieser Arbeit beschriebenen Apparate sind auch geeignet, die zwischen zwei Strömen wirkenden Kräfte zu demonstrieren. Die Anziehung gleichsinnig paralleler Ströme und die Abstoßung antiparalleler Ströme läßt sich mit dem auf Seite 33 beschriebenen Drahtrechteck (Fig. 30), durch das ein Strom von $1/_2$ bis 1 Amp. geschickt wird, zeigen, indem man einen geradlinigen Stromleiter in die Nähe der Seite $a\,b$ hält.

Daß gekreuzte Ströme so aufeinander wirken, daß der bewegliche Strom mit dem andern parallel und gleich gerichtet wird, zeigt man ebenfalls mit dem Drahtrechteck; man hält zu dem Zwecke einen geradlinigen Leiter in einer durch die Seite $b\,c$ gehenden senkrechten Ebene gekreuzt gegen diese Seite. Die Wirkungen eines Spiralstromes endlich auf einen zweiten Spiralstrom demonstriert man mit Hilfe des auf Seite 34 beschriebenen Solenoids.

If you have any concerns about our products,
you can contact us on
ProductSafety@springernature.com

In case Publisher is established outside the EU,
the EU authorized representative is:
**Springer Nature Customer Service Center GmbH
Europaplatz 3, 69115 Heidelberg, Germany**

Printed by Libri Plureos GmbH
in Hamburg, Germany